内蒙古扎赉特绰尔托欣河国家湿地公园

经济植物图谱

姚国君　刘玉良　主编

中国农业科学技术出版社

图书在版编目（CIP）数据

内蒙古扎赉特绰尔托欣河国家湿地公园经济植物图谱 / 姚国君，刘玉良主编. --北京：中国农业科学技术出版社，2021.9
ISBN 978-7-5116-5504-2

Ⅰ. ①内… Ⅱ. ①姚… ②刘… Ⅲ. ①沼泽化地—国家公园—经济植物—扎赉特旗—图谱 Ⅳ. ① Q948.522.64-64

中国版本图书馆 CIP 数据核字（2021）第 190075 号

责任编辑	徐定娜　倪小勋
责任校对	李向荣
责任印制	姜义伟　王思文

出 版 者	中国农业科学技术出版社
	北京市中关村南大街 12 号　邮编：100081
电　　话	（010）82105169（编辑室）
	（010）82109702（发行部）　（010）82109709（读者服务部）
传　　真	（010）82106650
网　　址	http://www.CASTP.cn
经 销 者	各地新华书店
印 刷 者	北京科信印刷有限公司
开　　本	185mm×260mm　1/16
印　　张	11
字　　数	249 千字
版　　次	2021 年 9 月第 1 版　2021 年 9 月第 1 次印刷
定　　价	128.00 元

内蒙古扎赉特绰尔托欣河国家湿地公园
经济植物图谱

编 委 会

主 任 委 员：陈申宽

副主任委员：何玉海　周　楠

主　　　编：姚国君　刘玉良

副　主　编：孙秀殿　乌力吉巴雅尔　　陈申宽　闫任沛

主要编写人员（按姓氏笔画排序）：

王宏伟　王宏静　田玉芬　白艳春　刘德明

江国祥　孙　晶　孙雨辰　孙海民　孙嘉琪

李月胜　李学杰　张爱国　周忠学　赵玉林

赵玉娟　赵洪凯　姚　旭

内容简介

　　湿地生态系统是地球上最重要的三大生态系统之一，承载着涵养水源、净化水质、蓄洪防旱、调节气候、维护生物多样性等重要生态功能，与人类的生存、繁衍和发展息息相关。2019年春，呼伦贝尔申宽生物技术研究所承担了内蒙古扎赉特绰尔托欣河国家湿地公园的《动植物资源调查》项目。2019—2021年，项目组历经3年采集到57科、189属、313种（含变种和变型）的植物标本。

　　全书共收集49科、130属、157种经济价值较高的植物及其图谱，从植物名称、主要特征、生态环境、利用价值等方面进行重点介绍，是一本具有较高科普价值和收藏价值的图书，可供湿地观光旅游客人、中小学生及植物学爱好者阅读与参考。

前言
PREFACE

　　湿地既是陆地上的天然蓄水库，又是众多野生动植物特别是珍稀水禽的繁殖和越冬地。湿地与人类息息相关，是人类拥有的宝贵资源，可以给人类提供水和食物。因此，湿地被称为"生命的摇篮""地球之肾"和"鸟类的乐园"。保护湿地，对维护生态平衡、改善生态状况、实现人与自然和谐共存、促进经济社会可持续发展，具有十分重要的意义。2016年12月，依据国家林业局"关于同意天津蓟县州河等134处湿地开展国家湿地公园试点工作的通知"（林湿发〔2016〕193号），兴安盟扎赉特旗扎赉特绰尔托欣河湿地被确定为国家湿地公园试点。绰尔托欣河国家湿地公园属湿地与森林复合的生态系统，生物多样性十分丰富。因生态类型特殊、植被类型独特，它既是北方重要的生态屏障，又是我国重要的植物基因库之一。按照"保护优先、科学恢复、合理利用、持续发展"的原则，以绰尔河流域湿地保育为基础，以嫩江水生态和水环境保护为根本，通过绰尔河流域湿地生态系统保护保育，更好地发挥湿地巨大的生态功能、强大的生产功能、特殊的碳汇功能、丰富的文化功能，把湿地公园建设成为内蒙古自治区湿地和森林生态系统保护和合理利用的典范，可展示绰尔河悠久的草原文明和魅力、展现人与自然和谐共处的田园生活画卷。

　　公园位于内蒙古自治区兴安盟扎赉特旗巴彦乌兰苏木西北部的杨

树沟林场境内，东距音德尔 126 千米、北距扎兰屯市 180 千米、西距阿尔山 163 千米。地理位置位于东经 121°25′34″～121°45′14″、北纬 47°01′07″～47°11′52″，距引绰济辽水源工程文得根水利枢纽 2.5 千米。公园南至扎赉特杨树沟国有林场界，北至呼伦贝尔市柴河林业局白毛沟林场、浩饶山镇，西至扎赉特旗杨树沟林场乌格勒其管护站，东至扎赉特旗额尔吐国有林场。公园总面积为 4 660.59 公顷，南北跨度为 20.1 千米，东西跨度为 24.6 千米。各类湿地的面积为 2 775.45 公顷，湿地率为 59.6%。

公园的主体——绰尔河，是嫩江的第一支流，流经扎赉特旗 205 千米，年平均径流量为 20.10 亿立方米，在沿河两岸形成了大片沼泽与河流湿地。托欣河是绰尔河右岸的一级支流，发源于大兴安岭南坡的好森沟，正东流向，是扎兰屯市与兴安盟的界河，流域面积为 628.4 公顷，河流长 97.57 千米。绰尔河与托欣河在湿地公园范围内的河流总长度为 54.3 千米，其中绰尔河为 33 千米、托欣河为 21.3 千米。湿地公园内生态系统的原始性保存较好，湿地植被基本处于自然状态，是嫩江流域水质较好的流域之一，其林地、湿地构成的复合生态系统在我国具有较强的独特性。

公园内的自然植物有 313 种，包含钻天柳、黄菠萝 2 种国家 II 级保护植物，绰尔河河谷内有大面积 100 年以上的天然榆树柳树混交林，十分珍稀；鸟类 89 种，其中，国家 I 级保护动物有金雕，国家 II 级保护动物有鸳鸯、大天鹅、小天鹅、苍鹰、灰鹤等 15 种；鱼类 35 种，其中，雷氏七鳃鳗是绰尔河特有的圆口纲动物，已列入《中国濒危动物红皮书鱼类》。

根据国家湿地公园功能区划的理论与原则，结合湿地公园资源分布特点，湿地公园划分为五大功能区，即湿地保育区、恢复重建区、宣教展示区、合理利用区及管理服务区。

湿地保护区：湿地公园内的河滩星罗棋布，大小河流交错纵横，生物多样性丰富，春秋两季大多候鸟都汇聚于此，绿头鸭、鸬鹚、白鹭、苍鹭、草鹭、白天鹅、鸳鸯等种类多到此迁徙、繁殖，是鸟的天堂。因植被类型独特，它既是北方重要的生态屏障，又是我国重要的植物基因库之一，有 4 个植被类型、7 个植被亚型、12 个群系组、13 个群系、18 个群丛。

这一区域以水体、沼泽、草原、林地为主，面积为 3 942.69 公顷，占公园总面积的 84.6%。该区域的工作重点是进行保育，除开展科研监测活动，禁止进入，以保持其自然原生态景观。因为湿地公园的生物多样性在嫩江流域具有典型性，保育区的建立在保护湿地野生动植物方面，特别是在鸟类及其栖息地保护方面发挥着重要作用。

恢复重建区：主要是两岸原是沼泽现被开垦成耕地的区域，面积为673.60公顷，占公园总面积的14.5%。绰尔河、托欣河河流两岸的农田、采沙场存在面源污染，通过人工措施促进自然恢复、使水系连通，通过生态补水达到退耕还湿的目的；开展本底资源调查，建立日常巡护，对湿地动植物、水文水质动态变化进行监测，收集资料建立档案；对周边村民进行宣传，重视保护湿地，集中清理垃圾等废弃物，加大湿地恢复重建区的绿化工程。

宣教展示区：位于阿门德盖，规划面积为5.83公顷，占公园总面积的0.1%。该区域在局部交通方便处建立湿地生态科普基地和科普宣教室，制作湿地主要动植物标本和照片，出版彩色植物图书，宣传湿地与生态、生产、生活的密切关系，使大家了解保护湿地、爱护家园的重要意义。同时，该区域也被作为中小学和职业院校师生专业实习的基地。

合理利用区：合理利用区在喇嘛洞大桥南侧火山岩地带，面积为34.56公顷，占公园总面积的0.7%。充分利用好两河河滩，发挥火山岩滩、草地、森林资源的优势，建成旅游、休闲、度假避暑圣地。

绰尔河在湿地公园内几经弯曲形成了不同的景观，重点打造可供观赏的有2处。一处位于黑布拉嘎，犹如圣洁的哈达，美不胜收；一处位于阿门德盖，犹如天然的手镯，玉饰而成。

托欣河是兴安盟与扎兰屯市的界河，也是绰尔河的主要支流，如小家碧玉，款款依依、灵动而秀气、安逸而蓬勃。可供观赏的有汇合口和第一峰，可看两河汇聚，也可仰望屹立高峰。

湿地公园地处内蒙古自治区与黑龙江省、吉林省三省（区）的交汇地带，是东北三省通往"阿尔山—海拉尔—满洲里"旅游黄金带大通道较便捷的交通节点。这里旅游资源富集、文化底蕴深厚，不仅拥有森林、草原、湿地、珍禽、地貌等自然景观，更孕育着独特的蒙元文化、辽金文化、冰雪文化等人文资源，未来的湿地公园可与周边阿尔山风景区、柴河月亮小镇、图牧吉国家级自然保护区资源共享、优势互补，实现区域生态旅游产业的联动发展。

湿地公园建成后，将体现休闲度假的功能，打造绿水青山的底蕴、尽享湿地的天然氧吧；将体现民族特色文化，呈现蒙古族民俗、民情、餐饮特色；将体现品鉴自然、聚焦湿地的功能，构筑湿地生态展示平台，传承主题文化精髓。

管理服务区：建立管理机构和基础设施，以便有效地进行湿地的日常管理、持续地保护和利用好湿地资源。

本书由姚国君高级讲师、刘玉良教授任主编，孙秀殿高级讲师、乌力吉巴雅尔副教授、陈申宽研究员、闫任沛研究员任副主编。张爱国、白艳春、李学杰、刘德明（内蒙古扎赉特绰尔托欣河国家湿地公园管理局），周忠学、田玉芬、姚旭、孙雨辰、孙晶、赵玉娟、赵洪凯、江国祥、王宏静、李月胜、孙海民、赵玉林（扎兰屯职业学院），王宏伟（扎兰屯市农牧和科技局乡村振兴促进中心），孙嘉琪（齐齐哈尔师范专科学校）等参加了编写工作。

书中植物的拉丁文命名主要参考以下图书：刘慎锷主编，1959 年 12 月由科学出版社（北京）出版的《东北植物检索表》；王银、刘英俊主编，1993 年 12 月由吉林科学技术出版社（长春）出版的《呼伦贝尔植物检索表》。书中文字部分主要参考：崔国文等主编，2016 年 6 月由科学出版社（北京）出版的《东北草地常见植物图谱》；吴虎山、潘英、王伟共主编，2009 年 4 月由中国农业出版社（北京）出版的《呼伦贝尔市饲用植物》；潘学清主编，2009 年 5 月由中国农业出版社（北京）出版的《呼伦贝尔市药用植物》。书中图片由姚国君、刘玉良、孙秀殿和乌力吉巴雅尔等在项目区内自然状态下拍摄与整理，植物地理位置均采用 GPS 技术定位，特此说明。

在本书的编撰过程中，我们得到了内蒙古扎赉特绰尔托欣河国家湿地公园管理局、扎兰屯职业学院等单位领导的关心与支持。对此，我们表示衷心的感谢！

由于时间仓促、经验不足、水平有限，本书可能存在一些不足之处。真诚希望各位读者不吝赐教，以利于我们今后更好地开展各项工作。

陈申宽于内蒙古扎兰屯市
2021 年 7 月 19 日星期一

目 录
CONTENTS

四十五、禾本科

一、卷柏科

卷柏属

◇◇◇◇◇◇◇◇◇◇◇◇◇◇◇◇◇◇◇◇◇◇◇◇◇◇◇◇◇◇◇◇◇◇◇◇◇

卷柏 *Selaginella tamariscina* (Beauv.) Spr.

别名 老虎爪、还魂草。

植株垫状，株高 10～15 厘米。主茎直立，自中上部分枝，2～3 回，常内卷如拳。叶厚、革质，交互排列，绿色或棕色，边缘有细齿，具白边。孢子囊穗生紧密于小枝顶端，四棱形。

多生于阳坡、山坡岩石，土生或在干旱的石缝中石生。山羊偶尔采食。既可观赏，又可药用。干全草入药，具破血散瘀、活血止血的功效，主治腹痛、哮喘、吐血、便血等症。

卷柏的营养生长

卷柏的群体生长

二、木贼科

木贼属

兴安木贼 *Hippochaete variegatum* (Schleich.) Boern.

别名 斑纹木贼。

多年生小草本，根茎深棕色横走。株高 10～20 厘米。茎绿色呈斑纹状，不分枝丛生，脊被两侧各有 1 行小瘤。鞘筒具齿，中间黑棕色，边缘膜质白色，顶端细尖。孢子囊穗椭圆状单生顶端，有小尖，无柄。

喜阴湿的环境，常生于山坡潮湿地、河岸湿地或疏林下。全草入药，有疏风清热、凉血止血等功效。

兴安木贼的营养生长与生殖生长

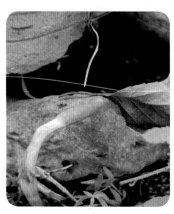

兴安木贼的花序

三、杨柳科

钻天柳属

钻天柳 *Chosenia arbutifolia* (Pallas) A. K. Skv.

别名 红毛柳、朝鲜柳。

落叶乔木，高可达 20～30 米，胸径达 1 米。树皮灰褐色，呈不规则纵裂。新生小枝无毛，春季黄色带红色或紫红色，具白粉，秋季开始逐渐变为枣红色或粉红色。叶互生，长条形，顶端渐尖，无毛，上面深绿色，下面白色，叶缘稍有锯齿或近无。雌雄异株，雄花序下垂，雌花序直立或斜展。花果期 5—6 月。

中生植物，生于河流两岸及湿地。树冠优美，生长速度快，树姿优美，枝条紧密，秋季落叶后色彩鲜红，作为绿化树种，具有较高的生态效益。

钻天柳的茎干

钻天柳的群体生长

钻天柳的雌性花序

钻天柳的雄性花序

钻天柳的下垂花序

四、榆科

榆属

大果榆 *Ulmus macrocarpa* Hance

别名 黄榆、蒙古黄榆。

落叶乔木或灌木，高达 10 余米。树皮暗灰色或灰色，粗糙，浅纵裂。新生小枝两侧有时具扁平的木栓翅，褐黄色或灰褐色。叶厚革质，宽倒卵形，大小变异很大，短叶柄，被疏毛。花簇生在去年枝上或散生于新枝的基部。翅果倒卵形，顶端凹或圆，果核位于翅果中部。花果期 4—6 月。

中旱生植物，喜光，耐寒冷及干旱瘠薄。生于山坡、固定沙丘及岩缝中。适用于城市及乡村绿化，具固土保水作用。木材坚硬致密，纹理美观，应用范围广。种子油可供食用、工业加工用和入药。

大果榆的群体生长

大果榆的个体生长

大果榆的叶形

五、荨麻科

荨麻属

麻叶荨麻 *Urtica cannabina* L.

别名 焮麻。

多年生草本，株高 100～150 厘米。全株被柔毛和刺毛，刺入皮肤后具蜇痛感。茎四棱形，少分枝。叶对生，掌状 3 裂，裂片再呈深裂。花单性，雌雄同株或异位，雄花序圆锥状，常斜生下部，雌花序生穗状常顶生。退化雌蕊近碗状，淡黄色或白色。瘦果狭卵形。花果期 7—9 月。

生于丘陵草原、坡地、沙丘坡上、河漫滩、河谷、溪旁等。幼苗可食，有小毒。全草入药，夏秋采收，晒干。有祛风湿、凉血、定痉等功效。

麻叶荨麻的叶形

麻叶荨麻的群体生长

麻叶荨麻的花序

狭叶荨麻 *Urtica angustifolia* Fisch. ex Hornem.

别名 螫麻子。

多年生草本，株高 70～130 厘米。有木质化根状茎。茎四棱形，疏生刺毛和稀疏的细糙毛。叶条形，先端尖，边缘有粗锯齿，生细糙伏毛和具粗而密的缘毛，下面沿脉疏生细糙毛。雌雄异株，花序圆锥状。瘦果卵形。花果期 6—9 月。

生于山坡阴湿草地、路旁或岩石下阴湿处，植株具刺毛，家畜不喜食。幼嫩茎叶可食，全草入药，夏秋采收，鲜用或晒干，有祛风定惊、消食通便等功效。

狭叶荨麻的群体生长

狭叶荨麻的叶形

狭叶荨麻的花序

蝎子草属

蝎子草 *Girardinia cuspidate* **Wedd.**

一年生草本，株高 1 米以上。茎直立，有棱，伏生硬毛及螫毛。叶互生，先端尖。花单性同株，花序腋生，单一或分枝，瘦果宽卵形，面光滑或有小疣状凸起。花果期 7—10 月。

喜阴植物，生于林下、沟边阴处、河漫滩。本草全株具螫毛，家畜不喜食。全草入药，有止痛的功效，治风湿痹痛等症。

蝎子草的群体生长   蝎子草的叶形

蝎子草的花序   蝎子草的茎   蝎子草的茎生刺

墙草属

小花墙草 *Parietaria micrantha* Ledeb.

一年生草本，株高 20～40 厘米。茎斜升，肉质纤细，多分枝。叶膜质卵形，先端尖。聚伞花序数朵，具短梗或近簇生状，花被片 4 深裂，褐绿色。果实卵形，长黑色，光滑有光泽。花果期 6—10 月。

生于阴湿的多石处、草地。全草入药，有拔脓消肿等功效。

小花墙草的花序

小花墙草的群体生长

小花墙草的叶形

小花墙草的生长环境

六、蓼科

大黄属

波叶大黄 *Rheum undulatum* L.

多年生高大草本，株高 1～1.5 米。茎粗壮，基生叶大，叶片近卵形，顶端钝尖或钝急尖，常扭向一侧。圆锥花序大型，花白绿色。果实三角状卵形，顶端钝。种子卵形，棕褐色，稍具光泽。花果期 6—9 月。

生于山坡、石隙、草原。根部入药，春、秋采挖，切片，晒干后使用，主治污热、便秘、行瘀等症。

波叶大黄的花序

波叶大黄的生长环境

波叶大黄的根、茎、叶

蓼属

萹蓄蓼 *Polygonum aviculare* L.

别名 猪牙菜。

一年生草本，株高 15～40 厘米。茎丛生，平卧或斜升。叶片线形，单叶互生。花 1～5 朵丛生于叶腋，花被 5 深裂，花被片椭圆形，绿色，边缘白色或淡红色。瘦果卵形，具 3 棱，黑褐色。花果期 6—9 月。

生长于田野、路旁、郊野、荒地以及潮湿阳光充足之处。全草入药，治尿路感染、结石、血尿等症。

萹蓄蓼的茎与叶

萹蓄蓼的群体生长

萹蓄蓼的花

桃叶蓼 *Polygonum persicaria* L.

别名 春蓼。

一年生草本，株高 40～80 厘米。茎下部斜卧，上部直立，多分枝，疏生柔毛，常带紫红色。单叶互生，有时具黑褐色斑点，叶片长条形，边缘具硬刺毛。总状花序穗状，顶生或腋生。五花瓣，花萼白色或粉红色。瘦果近圆形或卵形，黑褐色。

喜湿地环境，生于林区、沟边、田边、路旁等湿地。全草入药，治风湿感冒、风寒湿痹等症。

桃叶蓼的叶

桃叶蓼的生长环境

桃叶蓼的花序

柳叶刺蓼 *Polygonum bungeanum* **Turcz.**

别名 本氏蓼。

一年生草本，株高 30～90 厘米。茎直立或上升，多分枝，紫红色，被稀疏的倒刺。单叶互生，叶长椭圆形，具短硬毛。总状花序呈穗状，顶生或腋生。花稀疏，无花瓣，花萼花瓣状，白色或淡红色。瘦果圆形而略扁，黑色，无光泽。花果期 7—9 月。

生于沙地、田边、路旁湿地和水边，为有害杂草。

柳叶刺蓼的花序

柳叶刺蓼的群体生长

柳叶刺蓼的茎刺

分叉蓼 *Polygonum divaricatum* L.

多年生草本，株高 80～110 厘米。茎直立，分枝展开叉状，植株的外形为圆形。叶长条形，顶端急尖，边缘通常具短缘毛，两面无毛或被疏柔毛。花被 5 深裂，白色，花被片椭圆形。瘦果宽椭圆形，具 3 锐棱，黄褐色。花果期 7—9 月。

中旱生植物，是草甸草原和草原群落中常见的伴生种。生于山坡草地、草甸、林缘灌丛、丘陵、田边、路旁以及住宅附近之撂荒地。可作为割草，也可放牧。

分叉蓼的叶

分叉蓼的分枝

分叉蓼的生长环境

分叉蓼的花序

13

兴安蓼 *Polygonum alpinum* All.

多年生草本。茎直立，高 60～90 厘米，分枝不呈叉状，具纵沟。叶宽长条形，顶端急尖，边缘全缘，密生短缘毛，花序圆锥状，顶生，分枝开展，无毛，花被 5 深裂，白色，花被片椭圆形，瘦果卵形，具 3 锐棱，黄褐色，有光泽。花果期 6—8 月。

生于山坡草地、林缘、山谷灌丛。适口性好，各种家畜均喜食。全草入药，治热泻腹痛、痢疾等症。

兴安蓼的生长环境

兴安蓼的花序

兴安蓼的茎与叶

七、藜科

藜属

灰绿藜 *Chenopodium glaucum* L.

别名 小灰菜。

一年生草本，株高 20～45 厘米。茎平卧或斜升，具绿色或紫红色条棱。单叶互生，肥厚，叶片长条形，略带紫色，边缘具齿，中脉明显，黄绿色，背面白粉状。花序由数小穗聚集为复穗状，顶生。胞果黄白色。种子扁球形。花果期 5—9 月。

生长于农田边、水渠沟旁、平原荒地、山间谷地等。

灰绿藜的花序

灰绿藜的生长环境

灰绿藜的茎与叶

八、苋科

苋属

反枝苋 *Amaranthus retroflexus* L.

　　一年生草本，株高1米以上。茎粗壮直立，淡绿色。叶片椭圆形，顶端锐尖或尖凹。圆锥花序顶生及腋生，直立，花被片矩圆形或矩圆状倒卵形，白色。胞果扁卵形，薄膜质，淡绿色。种子近球形。花果期7—9月。

　　生在田园内、农地旁、人家附近的草地上。嫩茎叶为野菜，也可做家畜饲料。种子及全草药用，治腹泻、痢疾、痔疮肿痛出血等症。

反枝苋的叶形

反枝苋的生长环境

反枝苋的花序

九、石竹科

饿不食属（蚤缀属）

毛轴鹅不食 *Arenaria juncea* M. Bieb.

别名 毛轴蚤缀、灯心草蚤缀。

多年生草本，株高 30～50 厘米。直根粗壮。茎直立，丛生。基生叶丛生，狭长条形，茎生叶略小。二歧聚伞花序顶生，花瓣 5，白色，矩圆状倒卵形。蒴果与萼片近等长，6 瓣裂。种子卵形，黑褐色。花果期 6—9 月。

生于石质山坡、平坦草原。根入药。秋季茎叶枯萎时采挖，洗净晒干，切片备用。治虚劳肌热、骨蒸盗汗、疳积发热等症。

毛轴鹅不食的花

毛轴鹅不食的生长环境

毛轴鹅不食的花序分枝

繁缕属

垂梗繁缕 *Stellaria radians* L.

别名 鸭嘴菜、缝瓣繁缕。

多年生草本，株高60～80厘米。根细，有分枝。茎直立或上升，四棱形，密被绢柔毛。叶片长条形，顶端渐尖。二歧聚伞花序顶生，花瓣5，白色。蒴果卵形。种子肾形，稍扁。花果期6—9月。

耐阴植物，生于湿草地、河边、林缘、沟旁、山坡、沙丘下灌丛间及杂草地。嫩茎叶为可食用野菜。家畜较喜食，可作为林下伴生植物放牧利用。

垂梗繁缕的生长环境

垂梗繁缕的叶形

垂梗繁缕的花

叉繁缕 *Stellaria dichotoma* L.

别名 叉歧繁缕。

多年生草本，株高 20～30 厘米。根直。茎丛生，叉状分枝，密被腺状毛。叶密生无柄，椭圆形，先端急尖或渐尖。花多数，顶生的二歧聚伞花序，花瓣白色，顶端 2 叉状裂。蒴果近球形或椭圆形。种子褐黑色。花果期 6—8 月。

生于向阳多石干山坡、石缝、固定沙丘和沙地上。可放牧利用。

叉繁缕的叶形及分枝

叉繁缕的花

叉繁缕的生长环境

石竹属

兴安石竹 *Dianthus chinensis* L. var. *versicolor* (Fisch. ex Link) Y. C. Ma

多年生草本，株高 30～60 厘米。全株粉绿色。茎直立，丛生，上部分枝，节明显。单叶线条形，对生。花顶生或几朵成聚伞花序，花萼圆筒形，花冠中央呈圆环状斑纹，花瓣紫红色、粉红色或白色等，顶端具不规则齿裂。蒴果圆形。种子宽卵形，稍扁。花果期 6—9 月。

生于草原、草甸草原和山坡草地。

兴安石竹的生长环境

兴安石竹的分枝

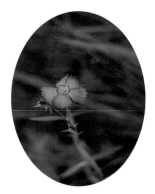

兴安石竹的花

麦瓶草属

旱麦瓶草 *Silene jenisseensis* **Willd.**

别名 山蚂蚱草。

多年生草本。株高 20～50 厘米。茎丛生直立，不分枝。叶片线条形，基生叶丛生，茎生叶对生，较小。聚伞花序圆锥状，花大，花瓣白色，顶端中裂，花萼瓶状筒形，后期膨大，具绿色条纹。蒴果卵形。种子圆肾形，黄褐色。花果期 6—8 月。

生于草原、草坡、林缘或固定沙丘。根入药，有清热凉血、生津等功效。

旱麦瓶草的生长环境

旱麦瓶草的花序

旱麦瓶草的花

女娄菜属

女娄菜 *Melaudrium apricum* (Turcz.) Rohrb.

一、二年生草本，株高 30～70 厘米。全株密被灰色短柔毛。茎直立，单生或丛生。叶片长条形，单叶对生。圆锥花序，花瓣白色或淡红色。种子圆肾形，灰褐色。花果期 5—8 月。

生于石砾质坡地、山坡林缘草地、丘陵、平原、旷野路旁草丛中。全草入药，有催乳、利尿、清热凉血等功效。

女娄菜的生长环境

女娄菜的花

女娄菜的花序

十、毛茛科

乌头属

◇◇

草乌头 *Aconitum kusnezoffii Reichb.*

别名 乌头。

多年生草本，株高80～130厘米。块根倒圆锥形，外皮黑褐色。茎直立，光滑。叶互生，革质卵圆形，3全裂，最终裂片长条形，先端尖。总状花序，花萼5，紫蓝色，上萼片盔形，花瓣2，无毛，有长爪。蓇葖果。种子有膜质翅。花果期7—9月。

喜光耐阴，适应性较强，生于阔叶林下、林缘草甸、沟谷草甸。花大且美丽，可作为园林观赏植物。根入药，有大毒，叶枯萎时采挖，有祛风除湿、温经散寒、消肿止痛等功效。治风寒湿痹、关节疼痛、中风半身不遂、跌打损伤等症。

草乌头的生长环境

草乌头的叶形

草乌头的花序

草乌头的花

耧斗菜属

耧斗菜 *Aquilegia viridiflora* **Pall.**

别名 血见愁。

多年生草本，株高 30～55 厘米。茎常在上部分枝，除被柔毛外还密被腺毛。基生叶少数，2 回三出复叶；中央小叶具短柄，倒卵形，上部 3 裂，表面绿色，无毛，背面淡绿色至粉绿色；茎生叶数枚，为 1～2 回三出复叶，向上渐变小。花倾斜或微下垂，花瓣黄绿色，直立，倒卵形，顶端近截形，距直或微弯。蓇葖长。种子黑色，狭倒卵形，具微凸起的纵棱。花果期 5—8 月。

生于山地路旁、河边、潮湿草地、岩石缝隙。花大美丽，叶形美观，也可作为园林观赏植物。全草及种子有毒，开花期毒性最大。有调经、止血等功效。治功能性子宫出血和产后流血过多等症。

耧斗菜的生长环境

耧斗菜的分枝

耧斗菜的叶形

24

驴蹄草属

驴蹄草 *Caltha palustris* L.

多年生草本，株高 15～40 厘米。全部无毛。有多数肉质须根。茎具细纵沟，在中部或中部以上分枝。基生叶 3～7，有长柄，叶片圆形或心形，顶端圆形，边缘全部密生正三角形小牙齿；茎生叶通常向上逐渐变小，稀与基生叶近等大，圆肾形或三角状心形，具较短的叶柄。2 朵花组成单歧聚伞花序顶生；萼片 5，黄色，倒卵形或狭倒卵形，顶端圆形。菁葖长小，喙长约 1 毫米。种子狭卵球形，黑色，有光泽。花果期 5—9 月。

喜阴植物，生于山谷溪边、湿草甸、草坡、林下较阴湿处。有毒，全草入药，有除风、散寒等功效。

驴蹄草的生长环境

驴蹄草的叶形

驴蹄草的花

铁线莲属

棉团铁线莲 *Clematis hexapetala* **Pall.**

别名 山棉花。

多年生草本，株高50～90厘米。茎直立，疏生柔毛，后变无毛。叶片近革质绿色，后常变黑色，单叶至复叶，1～2回羽状深裂，裂片线状披针形，长椭圆形至线形，顶端锐尖或凸尖，有时钝，全缘，两面或沿叶脉疏生长柔毛或近无毛。花序顶生，聚伞花序或为总状、圆锥状聚伞花序，有时花单生，白色，长椭圆形或狭倒卵形，外面密生棉毛，花蕾时像棉花球，内面无毛。瘦果倒卵形，扁平，密生柔毛。花果期6—9月。

喜光耐阴植物，适应性强，生于山坡、岗地、林下等地，分布较广。根入药，有解热、镇痛、利尿、通经等功效，治风湿症、水肿、神经痛、痔疮肿痛等症。

棉团铁线莲的果实

棉团铁线莲的花序

棉团铁线莲的叶形

芍药属

◇◇

芍药 *Paeonia lactiflora* Pall.

多年生草本，株高 40～70 厘米。根粗壮，黑褐色。茎无毛。下部茎生叶为 2 回三出复叶，上部茎生叶为三出复叶，小叶狭卵形，椭圆形或披针形，顶端渐尖，基部楔形或偏斜，边缘具白色骨质细齿，两面无毛，背面沿叶脉疏生短柔毛。花数朵，顶生或腋生，有时仅顶端 1 朵开放，花瓣倒卵形，白色，有时基部具深紫色斑块。蓇葖果，顶端具喙。花果期 4—7 月。

喜光耐阴植物，适应性较强，较抗旱，但不耐水淹。在我国多地有栽培，花瓣各色，可作为园林观赏植物。根入药，有镇痛、镇痉、祛瘀、通经等功效，治血虚肝旺、头晕目眩、腹痛胁痛、四肢拘急、月经不调、崩漏等症。

芍药的生长环境

芍药的叶形

芍药的花

芍药的果实

白头翁属

细叶白头翁 *Pulsatilla turczaninovii* **Kryl. et Serg.**

别名 毛姑朵花。

多年生草本，株高 20～40 厘米。基生叶，有长柄，为 3 回羽状复叶，在开花时开始发育，叶片狭椭圆形，有时卵形，羽片 3～4 对，下部叶有柄，上部叶无柄，卵形，2 回羽状细裂，末回裂片长条形或线形。花葶有柔毛，总苞钟形，苞片细裂，末回裂片线形；花直立，萼片蓝紫色，卵状长圆形或椭圆形，顶端微尖或钝，背面有长柔毛。瘦果纺锤形，密被长柔毛。花果期 5—7 月。

喜光耐旱，不耐水淹，生于草原、山地草坡或林缘。根入药，治细菌性痢疾、阿米巴痢疾、痔疮出血、淋巴结核等症，全草可治风湿性关节炎。

细叶白头翁的花

细叶白头翁的生长环境

细叶白头翁的果实

唐松草属

翼果唐松草 *Thalictrum aquilegifolium* L. var. *sibiricum* Regel et Tiling

多年生草本，株高 60～130 厘米。茎粗壮直立，略紫，多分枝。茎生叶为 3～4 回三出复叶，小叶草质，倒卵形，3 浅裂。复聚伞花序，花多数密集，无花瓣，花萼花瓣状，萼片紫红色。瘦果倒卵形，有 3～4 条纵翅。花果期 6—8 月。

生于山坡、草原、山地林缘、林下。根入药，有清热解毒功效，治目赤肿痛等症。

翼果唐松草的叶形

翼果唐松草的生长环境

翼果唐松草的果实

银莲花属

二歧银莲花 *Anemone dichotoma* L.

别名 虎掌草、草玉梅。

多年生草本，株高 35～60 厘米。根状茎细长横生，暗褐色。茎直立，上部通常二叉状分枝。基生叶 1 枚，早枯；茎生叶 2 枚，花下聚生成总苞状，3 裂，中部具轮生叶。花葶有短柔毛，花序二歧状分枝，2～3 回，花单生于花序分枝处。萼片 5，白色或带粉红色，倒卵形或椭圆形。瘦果扁平，卵形。花果期 6—8 月。

生于丘陵、山坡湿草地或林中。道地药材，根入药，有舒筋活血、清热解毒等功效，治咽喉肿痛、咳嗽多痰、跌打损伤、风湿性关节炎、痢疾、疮痈等症。

二歧银莲花的叶形

二歧银莲花的生长环境

二歧银莲花的花

十一、罂粟科

白屈菜属

白屈菜 *Chelidonium majus* L.

多年生草本，株高 50～85 厘米。主根粗壮，圆锥形。全株具细长白色柔毛，含橘黄色乳汁。茎直立，多分枝。叶互生，羽状全裂，小裂片卵形，边缘具不规则的浅裂，表面绿色，无毛，背面具短柔毛，粉白色。伞状花序多花，顶生或腋生，花瓣 4、倒卵形、黄色，花冠近"十"字形。蒴果狭圆柱形。种子卵形，细小，暗褐色。花果期 4—9 月。

耐阴植物，生于林下、路旁、田边、沟边等地。全草入药，有镇痛、止咳、消肿、利尿、解毒等功效，治胃肠疼痛、痛经、黄疸、疥癣疮肿、蛇虫咬伤等症。

白屈菜的生长环境

白屈菜的叶形

白屈菜的花

紫堇属

齿瓣延胡索 *Corydalis turtschaninovii* Bess.

别名 元胡。

多年生草本，株高 15～30 厘米。块茎圆球形，直径 1～3 厘米，质色黄，有时瓣裂。茎直立或斜伸，通常不分枝，茎生叶通常 2 枚，2 回或 3 回分裂，末回小叶变异大，全缘至篦齿状分裂，裂片椭圆形或线形，钝或具短尖。总状花序花期密集，花多数，蓝色、白色或紫蓝色，外花瓣宽展，边缘常具浅齿，顶端下凹，具短尖。蒴果线形，具 1 列种子。种子平滑。花果期 4—6 月。

中生植物，生于林缘草甸、河滩及沟边。有活血散瘀、理气镇痛等功效，治胃痛、腹痛、经痛、月经不调等症。

齿瓣延胡索的生长环境

齿瓣延胡索的花序

齿瓣延胡索的花

齿瓣延胡索的叶形

十二、十字花科

遏蓝菜属

山遏蓝菜 *Thlaspi thlaspidioides* (Pall.) Kitag.

别名 山荠萆。

多年生草本，株高 10～20 厘米。根圆柱状。茎丛生，直立或斜升，无毛。基生叶莲座状，具长柄，卵形。茎生叶长条形，先端钝。总状花序顶生；花瓣白色、圆形、边缘波状、下部具条形爪。短角果楔形。种子近卵形，黄褐色。花果期 5—7 月。

旱生植物，生于砾石山坡、山地及石缝间。种子入药，有清肝明目、强壮筋骨等功效，治风湿性关节炎、目赤肿痛等症。

山遏蓝菜的生长环境

山遏蓝菜的花

山遏蓝菜的叶形

碎米荠属

伏水碎米荠 *Cardamine prorepens* Fisch. ex DC.

多年生草本，株高 30～50 厘米。根状茎匍匐状延伸，着生有多数须根或细长的匍匐茎。茎较粗壮，单一，少分枝。叶形多变化，基生叶有叶柄，小叶 3～4 对；顶生小叶椭圆形，先端钝。花序总状或复总状，顶生及腋生；花多数，花瓣白色，倒卵形，顶端圆。长角果线形，果瓣扁平。种子椭圆形，暗褐色。花果期 6—8 月。

生于河漫滩、河边、山沟及草原湿地。

伏水碎米荠的生长环境

伏水碎米荠的叶形

伏水碎米荠的花

十三、景天科

景天属

费菜 *Sedum aizoon* L.

别名 土三七。

多年生肉质草本，株高 30～75 厘米。茎直立，1～3 条，不分枝。叶互生，坚实，椭圆状条形，边缘有不整齐的锯齿。聚伞花序顶生，多花；花冠黄色，长圆形至线条形，有短尖。菁葖果 5 枚，星芒状排列。种子椭圆形。花果期 6—9 月。

阳性植物，生长在山坡、荒地、沟边、林下岩石上。株丛茂密，枝翠叶绿，花色金黄，适应性强，适宜在城乡裸露地面作绿化植物。全草入药，近无毒。夏、秋采收，鲜用或晒干。有活血宁心、消肿解毒等功效，治跌打损伤、咯血、心悸、痈肿等症。

费菜的果实

费菜的花

费菜的生长环境

十四、虎耳草科

金腰子属

互叶金腰子 *Chrysosplenium alternifolium* L.

别名 金黄虎耳草。

多年生草本，株高5～15厘米。有多数须根。具白色纤细的地下匍匐枝，生有少数带白色鳞片状叶。基生叶柄较长，被淡锈色或稍白色毛，叶片肾状圆形；茎生叶1～2，互生，肾状圆形，具短柄。聚伞花序密集，苞片鲜黄色或绿色，似茎生叶，花鲜黄色。蒴果截形，中部稍凹缺。种子椭圆形，黑褐色。花果期4—5月。

生于高山草丛、林中湿地、山谷溪边、针阔混交林等地。全草入药。

互叶金腰子的花

互叶金腰子的生长环境

互叶金腰子的叶形

虎耳草属

球茎虎耳草 *Saxifraga sibirica* L.

多年生草本，株高 10～25 厘米。具鳞茎。茎密被腺柔毛。基生叶具长柄，叶片肾形，浅裂，裂片卵形，具柔毛；茎生叶卵形，浅裂，两面和边缘均具腺柔毛。聚伞花序伞房状，花多数，花瓣白色，倒卵形，基部渐狭呈爪。花果期 5—9 月。

生于林下、灌丛、高山草甸或岩石缝。全草入药。

球茎虎耳草的生长环境

球茎虎耳草的叶形

球茎虎耳草的花及果实

茶藨属

小叶茶藨 *Ribes pulchellum* Turc.

灌木，小枝红褐色，有光泽，密生短柔毛。通常在叶的基部具1对刺，1长1短。叶宽卵形或卵形，掌状3深裂，裂片尖或钝，边缘具粗锯齿，叶的上面暗绿色，有短硬毛，下面色淡。单性花，雌雄异株，总状花序生于短枝上，花带红色。浆果，红色，近球形。花果期5—8月。

生于山沟，常与榆树混生。可作为观赏灌木。果实晒干入药，解毒解表，可治感冒。

小叶茶藨的生长环境

小叶茶藨的花序与花

小叶茶藨的叶形

十五、蔷薇科

绣线菊属

土庄绣线菊 *Spiraea pubescens* **Turcz.**

别名 土庄花。

灌木，株高 1～2 米。小枝开展，稍弯曲，嫩时被短柔毛，黄褐色。叶片椭圆形，先端急尖，边缘自中部以上有深刻锯齿，有时 3 裂，上面有稀疏柔毛，下面被灰色短柔毛。伞形花序具总梗，有花 15～20 朵，花瓣白色，卵形，先端圆钝或微凹。蓇葖果开张，仅在腹缝微被短柔毛。花果期 5—8 月。

生于干燥岩石坡地、向阳或半阴处、杂木林内。开花较早，呈密集分布，形成独特群落，可作为园林观赏植物。茎入药，治水肿等症。可作为园林绿化植物。

土庄绣线菊的生长环境

土庄绣线菊的叶形

土庄绣线菊的花序

珍珠梅属

华北珍珠梅 *Sorbaria kirilowii* (Regel) Maxim.

别名 干柴狼。

灌木，株高 1～3 米。枝条开展，小枝圆柱形，稍有弯曲，光滑无毛，幼时绿色，老时红褐色。羽状复叶，具有小叶片多数，光滑无毛，小叶片对生，长条形，先端渐尖，边缘有尖锐重锯齿。顶生大型密集的圆锥花序，分枝斜出。花瓣白色，倒卵形或宽卵形，先端圆钝，基部宽楔形。蓇葖果长圆柱形，无毛。果梗直立。花果期 6—10 月。

生于阳坡、混木林中。喜温暖湿润气候，抗寒能力强。叶片幽雅，花序大而茂盛，小花洁白如雪而芳香，含苞欲放的球形小花蕾圆润如串串珍珠，花期长，可达 3 个月之久。可作为园林绿化植物。

华北珍珠梅的生长环境

华北珍珠梅的花序

华北珍珠梅的叶形

华北珍珠梅的果实

龙牙草属

龙牙草 *Agrimonia pilosa* Ledeb.

别名 仙鹤草、地仙草。

多年生草本，株高 30～100 厘米。全株被稀疏长毛。茎直立，少分枝。叶为间断奇数羽状复叶，小叶椭圆形，边缘有锯齿。总状花序顶生，分枝或不分枝，花瓣黄色。瘦果倒卵圆形，顶端有数层钩刺。花果期 6—9 月。

中生植物，多散生在路旁、林缘、河边以及山坡草地、疏林灌丛中。适口性中等，青草期牛喜食，霜后制青草粉可喂猪。全草入药，有止血、止痢等功效，主治咯血、月经不调等症。

龙牙草的花

龙牙草的生长环境

龙牙草的果实

蚊子草属

◇◇

绿叶蚊子草 *Filipendula nuda* Grub.

多年生草本，株高 60～150 厘米。茎有棱，近无毛或上部被短柔毛。顶生小叶特别大，多回掌状深裂，裂片阔长条形，顶端渐狭或三角状渐尖，边缘常有小裂片和尖锐重锯齿，上面绿色无毛，下面密被白色绒毛。圆锥花序顶生，花梗被短柔毛。花小而多，花瓣白色，倒卵形，有长爪。瘦果半月形，直立，有短柄。花果期 7—9 月。

生于山麓、沟谷、草地、河岸、林缘及林下等地。可作为园林观赏植物。

绿叶蚊子草的叶形

绿叶蚊子草的生长环境

绿叶蚊子草的花序

水杨梅属

水杨梅 *Geum aleppicum* Jacq.

别名 路边青。

多年生草本，株高40～100厘米。全株有长硬毛。茎直立，多分枝。基生叶羽状全裂或近羽状复叶，具长柄；茎生叶近无柄。3朵花呈伞房状排列，花梗长，明显，花冠黄色。瘦果具钩状长喙，聚合成带刺的圆球形。花果期6—9月。

中生植物，生于山坡、沟谷，林缘草甸、沼泽河滩。嫩叶可食，为良等饲用植物。全草入药，有清热解毒、消肿止痛等功效，主治肠炎、痢疾、小儿凉风，外用治疗疮、痈肿等症。

水杨梅的生长环境

水杨梅的叶形

水杨梅的果实

委陵菜属

鹅绒委陵菜 *Potentilla anserina* L.

　　多年生匍匐草本。根肥大，木质化。茎匍匐，纤细，可达 80～100 厘米，节上生不定根、叶与花梗。羽状复叶，基生叶多数，叶丛直立状生长，高达 15～25 厘米，小叶 15～17 枚，无柄，长圆状倒卵形或长圆形，边缘有尖锯齿。花鲜黄色，形成顶生聚伞花序。瘦果椭圆形，宽约 1 毫米，褐色，表面微被毛，花果期 5—9 月。

　　生于河滩沙地、潮湿草地、田边和路旁。园林以春、秋栽种，作地被植物。全草入药，有健脾益胃、生津止渴、收敛止血、益气补血等功效，治各种出血症。也可放牧利用。

鹅绒委陵菜的生长环境

鹅绒委陵菜的叶形

鹅绒委陵菜的小花

三出委陵菜 *Potentilla leucophylla* **Pall.**

别名 白叶委陵菜。

多年生草本。根分枝多，簇生。花茎纤细，直立或上升，高 8～25 厘米，被平铺或开展疏柔毛。基生叶掌状三出复叶，连叶柄长 4～30 厘米，宽 1～4 厘米。聚伞花序顶生，多花，松散，花瓣黄色，倒卵形，花梗纤细，长 1～1.5 厘米。瘦果卵球形，表面有脉纹。花果期 4—6 月。

生长于山坡草地、溪边及疏林下阴湿处。可作为园林、自然式的花园植物，因蓄水保墒固沙能力强，也是一种很好的地被植物。根或全草入药，有清热解毒、止痛止血等功效。

三出委陵菜的生长环境

三出委陵菜的花

45

莓叶委陵菜 *Potentilla fragarioides* L.

多年生草本植物。根、花茎多数，丛生，长可达25～35厘米。基生叶羽状复叶，有小叶，叶柄被开展疏柔毛，小叶片倒卵形、椭圆形或长椭圆形，近基部全缘，两面绿色，托叶膜质，褐色；茎生叶小叶与基生叶小叶相似，托叶草质，绿色，卵形。伞房状聚伞花序顶生，花瓣黄色，多花，花梗纤细。瘦果近肾形。花果期4—8月。

生于沟边、草地、灌丛及疏林下等地。适宜作为城市公园、广场绿地、路边、疏林、草坪的植物。

莓叶委陵菜的生长环境

莓叶委陵菜的叶形

莓叶委陵菜的花

蒿叶委陵菜 *Potentilla tanacetifolia* Willd. ex Schlecht.

别名 菊叶委陵菜、沙地委陵菜。

多年生草本，株高20～70厘米。全株被柔毛。茎直立或斜升，丛生，多分枝。奇数羽状复叶较长，顶生小叶片最大。聚伞花序，花梗延长。花多数，花瓣黄色，先端微凹。瘦果卵形褐色。花果期7—9月。

中旱生植物，生于山坡草地、林缘、低湿地、灌丛。中等饲用植物，羊在春季仅采食其嫩枝叶，夏季和秋季牛与马采食。全草入药，有清热解毒、消炎止血等功效，主治肠炎、痢疾、便血等症。

蒿叶委陵菜的生长环境

蒿叶委陵菜的茎和叶

蒿叶委陵菜的花

蔷薇属

大叶蔷薇 *Rosa macrophylla* Lindl.

有刺灌木，1.5～3 米。叶互生，小叶片长圆形或椭圆状卵形，奇数羽状复叶，托叶与叶柄合生。花单生或 2～3 朵簇生，苞片 1～2 片，长卵形，花呈伞房状，或少花稀单花，花瓣深红色，卵形。果大，长卵球形或长倒卵形，红色，有光泽。花果期 5—9 月。

生于山坡、岗地和灌丛中。花大美丽，色艳，香浓，秋果红艳，是极好的垂直绿化材料，亦适合庭院种植。具有吸收废气、阻挡灰尘、净化空气的作用。果实入药，有活血散瘀、利尿补肾、止咳等功效。可作为园林观赏植物。

大叶蔷薇的生长环境

大叶蔷薇的叶形

大叶蔷薇的果实

稠李属

稠李 *Prunus padus* L.

高大落叶乔木，5～10 米。树干皮灰褐色或黑褐色，浅纵裂；小枝紫褐色，有棱，幼枝灰绿色，近无毛。单叶互生，倒卵形，先端突渐尖，基部宽楔形或圆形，缘具尖细锯齿，叶表绿色，叶背灰绿色，仅脉腋有簇毛，具叶柄。两性花，腋生总状花序下垂，基部常有长叶片；花多数，无毛，花瓣白色，略有异味。核果近球形，黑紫红色。花果期 4—10 月。

生于山坡、山谷和灌丛中。叶入药，可止咳化痰，清除体内寄生虫；籽实具有止泻等功效。

稠李的生长环境

稠李的叶形

稠李的果实

苹果属

山荆子 *Malus baccata* (L.) Borkh.

别名 山丁子。

落叶乔木，树高可达 4~5 米。树皮灰褐色，光滑，不易开裂；新梢黄褐色，无毛，嫩梢绿色微带红褐。叶片椭圆形，先端渐尖，基部楔形，叶缘锯齿细锐。伞形总状花序，花白色，4~6 朵花集生在短枝顶端。花果近球形，直径近 1 厘米，红色或黄色。花果期 6—9 月。

生于山坡杂木林与灌丛中。幼苗可作为苹果、花红和海棠果的嫁接砧木；花繁叶茂，白花绿叶、美丽鲜艳，是优良的观赏树种和蜜源植物；嫩叶可代茶，还可作为家畜饲料。

山荆子的生长环境

山荆子的果实

十六、豆科

槐属

◇◇◇◇◇◇◇◇◇◇◇◇◇◇◇◇◇◇◇◇◇◇◇◇◇◇◇◇◇◇◇◇◇◇◇◇

苦参 *Sophora flavescens* Alt.

草本或亚灌木，株高 1～2 米。茎具纹棱。羽状复叶，小叶 6～12 对，互生或近对生，纸质，线形，先端钝或急尖。总状花序顶生，花多数，花冠白色或淡黄白色。长荚果，5～10 厘米。种子长卵形。花果期 6—10 月。

生于山坡、沙地草坡、灌木林中和田野附近。根入药，有清热利湿、抗菌消炎、健胃驱虫等功效，治皮肤瘙痒、神经衰弱、消化不良、便秘等症。

苦参的叶形

苦参的长荚果

苦参的花

鸡眼草属

鸡眼草 *Kummerowia striata* (Thunb.) Schindl.

别名 掐不齐。

一年生草本，株高 10～35 厘米。茎和枝上被倒生的白色细毛，披散或平卧，多分枝。三出羽状复叶，小叶纸质，倒卵形。花小，单生或 2～3 朵簇生于叶腋，花冠粉红色或紫色。荚果圆形，稍侧扁。花果期 7—10 月。

生于路旁、田边、溪旁、砂质地和缓山坡草地。全草入药，有利尿通淋、解热止痢等功效，可治风疹等症。

鸡眼草的生长环境

鸡眼草的叶形

鸡眼草的花

胡枝子属

胡枝子 *Lespedeza bicolor* **Turcz.**

别名 苕条、二色胡枝子。

多年生直立灌木，株高 1～3 米。多分枝。羽状三出复叶，互生顶生小叶椭圆形，先端具短刺。总状花序腋生，较疏松。蝶形花冠红紫色。荚果倒卵形，稍扁，内含 1 粒种子。花果期 7—9 月。

中生灌木，生于山坡、林缘、路旁、灌丛及混交林间。常作为防风、固沙及水土保持植物。茎叶鲜嫩，是家畜的优质青饲料。全草入药，有清热润肺、止血等功效，治咳嗽、便血等症。

胡枝子的叶形

胡枝子的花

胡枝子的生长环境

胡枝子的花序

达乌里胡枝子 *Lespedeza davurica* (Laxm.) Schindl.

别名 兴安胡枝子、牛枝子。

多年生小灌木，株高 40～90 厘米。茎单一或数个丛生，稍斜升。羽状三出复叶，小叶长圆形，上面无毛，下面具短柔毛。总状花序腋生，花冠白色或黄白色。荚果小，倒卵形。花果期 7—10 月。

中旱生小灌木，生于草原、山坡、丘陵坡地、路旁。为草原群落的次优势成分或伴生成分。优良的饲用植物，幼嫩枝条各种家畜均喜食。全草入药，解表散寒，治感冒发热、咳嗽等症。

达乌里胡枝子的生长环境

达乌里胡枝子的叶形

达乌里胡枝子的花

车轴草属

野火球 *Trifolium lupinaster* L.

别名 红五叶、野车轴草。

多年生草本，株高 40～65 厘米。根粗壮。茎直立，单生。掌状复叶，多具 5 小叶。总状花序头状，顶生或上部腋生，花冠蝶形，花红紫色或淡红色。荚果条状长圆形。含种子 1～3 粒。花果期 6—9 月。

中生植物，为森林草原、林缘草甸的伴生种或次优势种。各种家畜均喜食，可作为牧场的良好牧草。全草入药，有镇静、止咳及止血等功效。

野火球的叶形

野火球的花序

野火球的生长环境

草木犀属

草木犀 *Melilotus suaveolens* Ledeb.

一、二年生草本，株高 60～100 厘米。茎直立，分枝多。三出复叶羽状，小叶倒卵形、长圆形，边缘有不整齐的疏锯齿。总状花序腋生，细长；花黄色，多数；荚果小，近圆形，成熟时黑色，表面具网纹，含种子 1 粒。种子肾形，黄色。花果期 6—9 月。

中旱生植物，草原、草甸常见种。生于山坡、林缘、河滩、沟谷、路旁等。全草入药，有芳香化浊、截疟等功效，治暑湿胸闷、口臭、头痛头胀、疟疾、痢疾等症。

草木犀的生长环境

草木犀的花序

草木犀的叶形

大豆属

野大豆 *Glycine soja* Sieb. et Zucc.

一年生缠绕草本，长1~4米。茎枝纤细。三出复叶，小叶卵圆形或卵状长条形。总状花序通常短，花小，花冠淡红紫色或白色。荚果长圆形，稍弯。种子2~3颗，椭圆形。花果期7—10月。

生于田园边、沟河湖边、沼泽及草甸。全株为家畜喜食的饲料，可栽作牧草、绿肥和水土保持植物。全草入药，有补气血、强壮、利尿等功效，治盗汗、肝火、目疾等症。

野大豆的生长环境

野大豆的小叶

野大豆的顶生小花

野大豆的腋生花序

野豌豆属

大叶野豌豆 *Vicia pseudorobus* Fisch. et C. A. Mey.

多年生草本，株高 70～120 厘米。根粗壮发达。茎直立或攀援，有棱，绿色或黄色，具黑褐斑，被微柔毛。偶数羽状复叶，顶端卷须发达，有分枝；小叶卵形，先端有短尖头。总状花序，花序轴单一，花多数，紫色或蓝紫色。荚果长圆形。种子多数，扁圆形，棕黄色。花果期 6—9 月。

生于山地、灌丛或林中。枝繁叶茂，茎叶柔软、适口性好、营养成分高、各种家畜喜食。全草药用，有祛风除湿、活血止痛等功效，治风湿疼痛、筋骨拘挛等症。

大叶野豌豆的花序

大叶野豌豆的小叶

大叶野豌豆的生长环境

歪头菜 *Vicia unijuga* A. Br.

别名 草豆。

多年生草本，株高45～110厘米。根粗壮发达。数茎丛生，具棱。叶轴末端为细刺尖头，小叶1对，卵形，先端渐尖，边缘具小齿状。总状花序单一，花多数一面向密集于花序轴上部；花冠蓝紫色、紫红色或淡蓝色。荚果扁、长圆形。种子扁圆球形。花果期6—9月。

中生植物，生于山地林缘、草甸草原、沟边、灌丛。优良牧草、各种家畜喜食；亦用于水土保持、绿肥、蜜源植物。全草药用，有补虚、调肝、理气、止痛等功效，治头晕、水肿、胃痛等症。

歪头菜的小花

歪头菜的生长环境

歪头菜的茎、叶

棘豆属

多叶棘豆 *Oxytropis myriophylla* (Pall.) DC.

多年生草本，株高 20～30 厘米。全株被白色或黄色长柔毛。根粗壮，褐色。茎缩短，丛生。轮生羽状复叶，小叶 25～32 轮，每轮 4～8 片，线形、先端渐尖。总状花序，多花组成，紧密或较疏松。花冠淡红紫色。荚果椭圆形，先端具喙。花果期 6—8 月。

生于沙地、草原、河沟、丘陵、石质山坡、低山坡。为中等饲用植物。全草入药，有清热解毒、消肿、祛风湿、止血等功效，治感冒、咽喉肿痛等症。

多叶棘豆的小花

多叶棘豆的叶形

多叶棘豆的生长环境

硬毛棘豆 *Oxytropis hirta* **Bunge**

别名 毛棘豆。

多年生草本，株高 20～35 厘米。全株灰绿色，被长硬毛。根褐色，较长。茎极短。羽状复叶坚挺；小叶多轮，长条形，对生。总状花序穗状；花冠红紫色。荚果革质，长圆形。花果期 5—8 月。

生于石质山坡、丘陵、路旁、干草原、疏林下。全草入药，有生肌、止血、消肿、通便等功效，治瘟疫、腮腺炎、痛风、咳嗽等症。

硬毛棘豆的叶形

硬毛棘豆的群体生长

硬毛棘豆的花序

黄耆属

斜茎黄耆 *Astragalus adsurgens* **Pall.**

别名 直立黄耆、马拌肠。

多年生草本，高 80～110 厘米。根较粗壮。茎丛生，直立或斜上。羽状复叶，小叶狭长圆形。总状花序穗状，生多数花，排列密集。花冠蓝色或紫红色。荚果矩形，顶端具短喙。花果期 7—10 月。

生于阳坡灌丛及林缘地带。为优良牧草和水保植物。种子入药，有补肝肾、固精、明目等功效，治腰膝酸痛、遗精早泄、神经衰弱等症。

斜茎黄耆的小叶

斜茎黄耆的生长环境

斜茎黄耆的花序

十七、牻牛儿苗科

牻牛儿苗属

牻牛儿苗 *Erodium stephanianum* Willd.

别名 太阳花。

一二年草本，株高 25~50 厘米。根直立粗壮。茎蔓生，具节。叶对生，具长柄，叶片卵形，2 回羽状深裂。伞形花序腋生。花瓣紫红色，倒卵形。蒴果顶端有喙，成熟时喙部螺旋状卷曲。种子褐色，具斑点。花果期 7—9 月。

生于山坡、田间、路旁、沙质河滩、草甸草原。全草入药，有祛风除湿、清热解毒等功效，治风寒湿痹、筋骨酸痛等症。

牻牛儿苗的叶形

牻牛儿苗的花

牻牛儿苗的果实

牻牛儿苗的生长环境

鼠掌老鹳草 *Geranium sibiricum* L.

别名 鼠掌草。

多年生草本，株高 30～90 厘米。根直，圆柱形。茎细长，常带紫红色，伏卧或上部斜向上，多分枝。叶对生，具柄，掌状深裂。花单生，较小，花瓣淡紫色或白色。花梗长，近中部具 2 个条形苞片。蒴果，成熟后自下而上呈弓状或钩状反卷。花果期 6—9 月。

中生植物，生于林缘、疏灌丛、河谷、草甸、农田。茎秆细、叶量多，质地柔软，适口性良好，家兔喜食。全草入药，有明目、活血调经等功效，治结膜炎、月经不调等症。

鼠掌老鹳草的群体生长

鼠掌老鹳草的叶形

鼠掌老鹳草的花

十八、亚麻科

亚麻属

野亚麻 *Linum stelleroides* **Planch.**

别名 疔毒草、山胡麻。

一二年生草本，株高 30～80 厘米。茎直立，光滑，上部多分枝。叶互生，密集，条形，头锐尖。聚伞花序，多分枝；花单生于枝顶或叶腋，花瓣 5，蓝色或紫蓝色。蒴果球形，干后棕黄色。种子扁平，褐色。花果期 6—8 月。

中生植物，生于山坡、沙丘、路旁和荒山地。全草入药，有解毒消肿等功效，治疗疮肿毒等症。

野亚麻的全株

野亚麻的群体生长

野亚麻的花

十九、芸香科

白鲜属

◇◇

白鲜 *Dictamnus albus* L. ssp. *dasycarpus* (Turcz.) Wint.

别名 八股牛。

多年生草本，株高 60～90 厘米。根肉质粗壮，淡黄白色。茎直立。叶互生，奇数羽状复叶，小叶长圆状卵形至长条形，边缘有细锯齿，表面密集油点。总状花序顶生；花瓣淡红色或紫红色，有明显的红紫色条纹。蒴果背面密被黑紫色腺点和白柔毛，具尖喙。种子黑色，近球形。花果期 7—9 月。

中旱生植物，生于山坡、林下、林缘和草甸。道地药材，根皮入药，有清热燥湿，祛风止痒等功效，治皮肤瘙痒、荨麻疹、湿疹、黄水疮、黄疸、阴部瘙痒等症。

白鲜的群体生长

白鲜的全株

白鲜的花序与花

黄檗属

黄檗 *Phellodendron amurense* Rupr.

别名 黄波罗。

高大乔木，高 10～20 米。枝扩展，成年树皮 2 层，有不规则网状开裂，外层厚，浅灰色；内层鲜黄色。嫩枝暗紫红色，无毛。奇数羽状复叶对生；小叶纸质，宽长条形。花小，雌雄异株，排成顶生聚伞圆锥花序。核果圆球形，紫黑色，有特殊香气。花果期 6—9 月。

生于山地杂木林、山区河谷沿岸。根及树皮入药，有清热泻火、燥湿解毒等功效，治痢疾、肠炎等症。

黄檗的群体生长

黄檗的叶形

黄檗的枝条状态

黄檗的果实

二十、远志科

远志属

◇◇◇

远志 *Polygala tenuifolia* **Willd.**

别名 细叶远志。

多年生草本，株高 35～60 厘米。根粗壮。茎丛生，细弱，直立或斜升。单叶互生，叶片纸质，线条形，先端渐尖。总状花序顶生，呈扁侧状，细弱。花淡蓝紫色。蒴果圆形，具狭翅。种子卵形。花果期 5—9 月。

生于草原、山坡草地、灌丛中以及杂木林下。根皮入药，有益智安神、散瘀化痰等功能，治神经衰弱、失眠等症。

远志的群体生长

远志的全株

远志的叶片与花

二十一、大戟科

大戟属

地锦 *Euphorbia humifusa* Willd.

别名 铺地锦。

一年生草本。根细。茎匍匐，纤细，多分枝。叶对生，椭圆形，叶面绿色，叶背淡绿色，秋后常淡红色。聚伞花序杯状，单生于叶腋；总苞倒圆锥形，边缘具白色或淡红色附属物。蒴果卵球形，三棱状。种子为灰色。花果期7—9月。

生于荒地、路旁、田间、沙丘、海滩、山坡等地。全草入药，有清热解毒、利湿消肿、凉血止血等功效，治痢疾、肠炎、便血等症。

地锦匍匐茎的生长

地锦的群体生长

地锦的叶片与花序

二十二、卫矛科

卫矛属

◇◇

桃叶卫矛 *Nymus bungeanus* Maxim.

别名 白杜。

小乔木或灌木，高4～5米，树冠圆形。树皮灰褐色，新枝绿色，光亮，近四棱形。叶对生，卵形至椭圆形，边缘有细锯齿。聚伞花序腋生；花瓣4，黄绿色，圆形。蒴果倒圆锥形，淡红色或黄色。种子红色。花果期5—9月。

中生植物，生于阳坡、林缘、林下、路旁灌丛。根皮入药，有祛风止痛等功效，治风湿性关节炎等症。

桃叶卫矛的群体生长

桃叶卫矛的分枝与叶片

桃叶卫矛的花序与果实

二十三、凤仙花科

凤仙花属

水金凤 *Impatiens noli-tangere* L.

一年生草本，株高 40～70 厘米。根短，茎肉质、多汁。茎粗壮，直立，上部分枝。叶互生，叶片卵形，先端钝。总花梗腋生，排列成总状花序；花大，黄色。蒴果圆柱形。种子多数，长圆球形。花果期 7—9 月。

生于山坡林下、林缘草地、沟边。可栽培成观赏植物。全草入药，有活血调经、舒筋活络等功效，治月经不调、痛经、跌打损伤等症。

水金凤的全株

水金凤的分枝

水金凤的叶形

二十四、鼠李科

鼠李属

鼠李 *Rhamnus davurica* Pall.

别名 老鹳眼。

灌木或小乔木，株高4～5米。树皮灰褐色，环装剥落。幼枝无毛，小枝对生，红褐色，稍平滑，顶端具大型芽。叶纸质，常对生，宽椭圆形，顶端突尖。花单性，雌雄异株，黄绿色。核果球形，黑色。种子卵圆形，黄褐色。花果期7—9月。

生于山坡林下、林缘、灌丛、河谷。树皮治便秘；果肉入药，有解热、泻下等功效，治牙痛、痈疖等症。

鼠李的群体生长

鼠李的分枝与叶片

鼠李的果实

二十五、金丝桃科

金丝桃属

乌腺金丝桃 *Hypericum attenuatum* Choiry

别名 赶牛鞭、野金丝桃。

多年生草本，株高 40～70 厘米。茎直立，丛生，具 2 棱。全株散生黑色腺点。叶宽条形或椭圆形，对生，全缘。花序顶生，常多花呈聚伞花序；花瓣黄色，蒴果卵圆形。种子灰黑色，长柱形，稍弯。花果期 7—9 月。

中旱生植物，生于草原、山坡、林缘及灌丛。全草入药，有止血镇痛、通乳等功效，治咯血、乳腺炎等症。

乌腺金丝桃的群体生长

乌腺金丝桃的叶形

乌腺金丝桃的花序与花

二十六、堇菜科

堇菜属

斑叶堇菜 *Viola variegata* **Fisch.**

多年生小草本，低矮无茎，株高 5～15 厘米。根短而细，密生节，具数条细长的根，淡褐色或白色。叶均基生，莲座状，叶片圆形，先端圆形或钝，边缘具钝齿，上面暗绿色或绿色，沿叶脉有明显的白色斑纹，下面稍带紫红色。花瓣倒卵形，花红紫色或暗紫色，侧瓣里面基部有须毛，下瓣基部白色并有堇色条纹；距筒状，粗或较细，末端直或稍向上弯。蒴果椭圆形，无毛或疏生短毛。种子淡褐色，小形。花果期 5—9 月。

生于山坡砾石、林下、灌丛、草坡、岩石缝隙。全草入药，有凉血止血等功效，治创伤出血等症。

斑叶堇菜的群体生长

斑叶堇菜的叶片与花

裂叶堇菜 *Viola dissecta* Ledeb.

多年生草本，无地上茎，植株高度变化大，5～30 厘米。根茎短，数条白色。基生叶叶片轮廓呈圆形，常 3 全裂，裂片条形；幼叶两面被白色短柔毛，后变无毛或仅上面疏生短柔毛。花梗长，花淡紫色至紫堇色。蒴果椭圆形，先端尖。花果期 5—9 月。

生于山坡草地、林缘草甸、灌丛、田边、路旁。全草入药，有清热解毒、消痈肿等功效，治肿毒、疮疖、麻疹等症。

裂叶堇菜的群体生长

裂叶堇菜的叶形

裂叶堇菜的花

二十七、柳叶菜科

柳叶菜属

沼生柳叶菜 *Epilobium palustre* L.

别名 沼泽柳叶菜。

多年生草本，株高 30～65 厘米。茎直立不分枝。下部叶对生稀疏，上部叶互生，长条形和长椭圆形，具短毛，先端渐尖，全缘，边缘反卷。花单生于叶腋，近直立，花瓣白色至粉红色，倒心形，先端 2 裂。蒴果长，被曲柔毛。种子棱形，顶端具长喙，褐色，种缨灰白色或黄褐色。花果期 6—9 月。

生于湖塘、沼泽、河谷、溪沟旁、湿地草原。全草入药，有清热消炎、活血止痛、疏风镇咳等功效，治咽喉肿痛、目赤肿痛、月经不调等症。

沼生柳叶菜的叶形

沼生柳叶菜的花序

沼生柳叶菜的群体生长

沼生柳叶菜的花

柳兰 *Epilobium angustifolium* (L.) Scop.

多年生草本，株高 60～120 厘米。根粗壮。茎直立，不分枝，光滑无毛。单叶互生或对生，长条似柳叶，叶脉明显。总状花序大型，直立顶生；萼片紫红色，基部管状；花冠粉红至紫红色，倒卵形。蒴果长圆柱形，具棱。种子多数，种缨白色。花果期 6—9 月。

生于湿润草坡、灌丛、路边、高山草甸、河滩、砾石坡，为观赏植物与重要蜜源植物。嫩苗可食用，茎叶可作猪饲料。根入药，有消炎止痛、调经活血等功效，治跌打损伤、月经不调等症。

柳兰的群体生长

柳兰的叶片与花序

柳兰的花

露珠草属

水珠草 *Circaea quadrisulcata* (Maxim.) Franch. et Sav.

　　多年生草本，株高 45～70 厘米。根状茎具地下匍匐枝。茎直立，单一，无毛。叶卵形，先端渐尖呈尾状，基部圆形，边缘有浅锯齿。总状花序顶生或腋生；花瓣白色，倒心形，顶端 2 深裂。果实近球形，有黄褐色钩状毛。花果期 7—9 月。

　　生于林下、山谷溪边，草甸。全草入药，有宣肺止咳、理气活血、利尿解毒等功效，治咳嗽、痛经、月经不调等症。

水珠草的叶片

水珠草的花序与花

二十八、伞形科

柴胡属

柴胡 *Bupleurum chinense* DC.

别名 北柴胡、竹叶柴胡

多年生草本，株高 40~65 厘米。主根粗大，具分枝。茎单一或数茎丛生，上部多回分枝，微作"之"字形曲折。叶全缘，茎生叶剑形。复伞形花序顶生或腋生，多分枝；花小，花瓣黄色。双悬果椭圆形，两侧略扁。花果期 7—9 月。

旱生植物，生于山地草原、灌丛、沙丘、林下。道地药材，根入药，有和解表里、疏肝、升阳等功效，治感冒发热、寒热往来、胸胁胀痛、月经不调等症。

柴胡的群体生长

柴胡的分枝与叶片

柴胡的花序与花

二十九、山茱萸科

山茱萸属

红瑞山茱萸 *Cornus alba* L.

别名 红瑞木。

落叶灌木，高1～2米。树干紫红色，新枝血红色，具白色柔毛。叶对生，纸质，椭圆形，先端尖，全缘。聚伞花序顶生，紧密；花小，白色或淡黄色，花瓣4，椭圆形。核果长圆形，稍扁。花果期6—9月。

生于杂木林、混交林。为园林观赏植物。全草入药，有清热解毒、止痢、止血等功效，治湿热痢疾、肾炎、便血等症。

红瑞山茱萸的群体生长

红瑞山茱萸的分枝

红瑞山茱萸的叶片

三十、报春花科

报春花属

粉报春 *Primula farinosa* L.

别名 黄报春。

多年生草本。具极短根状茎,须根多数。叶多数,形成较密的莲座丛,叶片卵形,先端近圆形或钝圆,基部渐狭窄,边缘具稀疏小锯齿或近全缘,下面被青白色或黄色粉。花葶纤细,5~30厘米,无毛,顶端有粉状物;伞形花序顶生单轮,多花;花冠淡紫红色,冠筒口周围黄色。蒴果筒状。花果期5—8月。

中生植物,生于低湿草地、沼泽化草甸、沟谷灌丛、林缘及林下。全草入药,有消肿、愈创、解毒等功效,治疖痛、创伤等症。

粉报春的基生叶

粉报春的群体生长

粉报春的花序与花

樱草 *Primula sieboldii* E. Morren

别名 翠南报春。

多年生草本。根状茎斜升和平卧，发出多数须根。叶丛生，叶片圆形，先端钝圆，边缘波状浅裂，上面深绿色，下面淡绿色，两面均被灰白色长柔毛。花葶高15～35厘米，被毛；伞形花序顶生，花多数；花冠紫红色至淡红色，裂片倒卵形，先端2深裂。蒴果近球形。花果期5—6月。

中生植物，生于林下湿地、草甸、沼泽、沟边。可作观赏植物。根入药，有止咳、化痰、平喘等功效，治上呼吸道感染、咽炎、支气管炎、咳嗽等症。

樱草的群体生长

樱草的叶形

樱草的花序与花

珍珠菜属

黄连花 *Lysimachia davurica* Ledeb.

多年生草本，株高 40～80 厘米。根粗壮，具横走根茎。茎直立，几不分枝。叶对生或 3～4 枚轮生，长条形，先端锐尖至渐尖，两面均散生黑色腺点，具极短的柄。圆锥花序顶生，花多数；花冠深黄色，5 深裂，裂近广椭圆形，内面密布淡黄色小腺体。蒴果褐色。种子多数，近球形。花果期 6—9 月。

中生植物，生于草甸、林缘、灌丛、路旁。全草入药，有镇静、降压等功效，治高血压、失眠等症。

黄连花的群体生长

黄连花的分枝与叶形

黄连花的果实

狼尾花 *Lysimachia barystachys* Bunge

别名 重穗珍珠菜。

多年生草本，株高 35～90 厘米。全株密被卷柔毛。根状茎横走，红棕色。茎直立，单一，少分枝。叶互生，长条形至线形。总状花序顶生，花密集，常转向一侧弯曲，似狼尾状；花冠白色，圆筒状。蒴果球形。种子多数，红棕色。花果期 6—9 月。

中生植物，生于草地、草甸、山坡、灌丛，路旁。全草入药，有活血调经、散瘀消肿、利尿等功效，治月经不调、小便不畅、跌打损伤等症。

狼尾花的茎与叶形

狼尾花的群体生长

狼尾花的花序与花

三十一、龙胆科

龙胆属

龙胆 *Gentiana scabra* Bunge

别名 龙胆草。

多年生草本，株高 30～60 厘米。须根多数，细长圆柱形，肉质黄白色。茎直立，单一粗糙，略带紫色。叶对生，卵形至线条形，无柄，先端急尖；下部叶膜质，淡紫红色，鳞片形；上部叶近革质。花多数，簇生枝顶或叶腋；花冠筒状钟形，蓝紫色，基部联合，上部 5 裂，裂片卵形。蒴果椭圆形，两端钝。种子褐色，有光泽，线形或纺锤形。花果期 5—7 月。

生于山坡草地、草甸、路边、河滩、灌丛、林缘及林下，根入药，有清肝利胆、健脾等功效，治胆囊炎、肝炎、食欲不振等症。

龙胆的群体生长与花序

龙胆的叶形

龙胆的花

扁蕾属

扁蕾 *Gentianopsis barbata* (Froel.) Ma

别名 剪割龙胆。

一、二年生草本，株高 20～40 厘米。茎单生，直立，近圆柱形，上部有分枝。基生叶多对，常早落；茎生叶，无柄，条形，先端渐尖，花单生于分枝顶端；花梗直立，近圆柱形，有明显的条棱；花冠筒状钟形，蓝色或淡蓝色。蒴果具短柄。种子褐色，矩圆形。花果期 7—9 月。

中生植物，生于水沟边、山坡草地、低湿草甸、林下、灌丛、沙丘边缘。全草入药，有清热解毒、利胆、消肿等功效，治肝炎、结膜炎、高血压等症。

扁蕾的群体生长

扁蕾的花序

扁蕾的花

花锚属

花锚 *Halenia corniculata* (L.) Cornaz

别名 西伯利亚花锚。

一年生草本，株高 40～60 厘米。根分枝。茎直立，近四棱形，具细条棱，有分枝。基生叶倒卵形或椭圆形，先端钝；茎生叶对生，椭圆状长条形，先端渐尖，全缘。聚伞花序顶生和腋生；花冠黄白色，钟形，4 裂片椭圆形，先端具尖头。蒴果卵圆形，淡褐色。种子褐色，椭圆形。花果期 7—8 月。

中生植物，生于山坡草地、低湿草甸、林下、林缘。全草入药，有清热解毒、凉血、止血等功效，治肝炎、脉管炎等症。

花锚的群体生长

花锚的分枝与叶形

花锚的花序与花

三十二、萝藦科

萝藦属

萝藦 *Metaplexis japonica* (Thunb.) Makino

别名 老瓜瓢。

多年生草质藤本，具白色乳汁。茎缠绕，圆柱状，有纵棱，被短柔毛。叶膜质，卵状心形，顶端渐尖，叶面绿色，叶背粉绿色，叶柄长，顶端具丛生腺体。总状式聚伞花序腋生，具长总花梗，被短柔毛；花冠白色，有淡紫红色斑纹，近辐状，花冠裂片长条形，内面被柔毛。蓇葖叉生，纺锤形，被短柔毛。种子扁平，卵圆形，具毛。花果期7—9月。

中生植物，生于林边荒地、灌丛、山脚、河边、路旁。幼苗可食。全草入药，治劳伤、虚弱、腰腿疼痛、缺奶、白带、咳嗽等症。

萝藦的群体生长

萝藦的叶形

萝藦的缠绕茎与花序

鹅绒藤属

紫花杯冠藤 *Cynanchum purpureum* K. Schum.

　　多年生草本。茎直立，有分枝，被疏长柔毛，干后中空。叶对生，集生于分枝的顶端，线形或长条形，两面被疏长柔毛，尤以边缘为密。聚伞花序伞状，半圆形；花冠无毛，紫红色，裂片长条形。蓇葖果长圆形，两端略狭。花果期5—6月。

　　生于山地、山坡砾石、林中。

紫花杯冠藤的群体生长

紫花杯冠藤的分枝与叶形

紫花杯冠藤的花序

徐长卿 *Cynanchum paniculatum* (Bunge) Kitag.

别名 土细辛。

多年生草本，株高 50～70 厘米。根须状，淡黄褐色。茎直立，不分枝，无毛，圆柱形。叶对生，纸质，长条形，先端渐尖，两面无毛或叶面具疏柔毛，叶缘有边毛。聚伞花序生于茎顶端叶腋内，有花 10 余朵；花冠黄绿色，5 深裂，裂片卵形。蓇葖单生，长条形。种子长圆形，种毛白绢色。花果期 7—9 月。

旱中生植物，生于阳坡山地、丘陵、草丛、草甸草原、灌丛。全草入药，有祛风止痛、解毒消肿等功效，治胃痛、牙痛、腰痛、关节痛等症。

徐长卿的群体生长

徐长卿的分枝与叶形

徐长卿的花序

三十三、旋花科

菟丝子属

金灯藤 *Cuscuta japonica* Choisy

别名 日本菟丝子、大菟丝子。

一年生寄生草本。茎缠绕，带黄色或带红色，纤细，无叶。花序穗状，或穗状总状花序；花冠白色或淡红色，钟形。蒴果近球形。种子光滑，淡褐色，椭圆形。花果期7—9月。

生于路边草丛、河边、山地，寄生于草本植物上。种子入药，有补阳肝肾、益精明目等功效，治腰膝酸软、阳痿遗精、头晕目眩等症。

金灯藤的缠绕茎

金灯藤的群体生长

金灯藤的花序与花

打碗花属

宽叶打碗花 *Calystegia sepium* (L.) R. Br.

别名 篱天剑、旋花。

多年生草本，全株无毛。茎缠绕或匍匐，具细棱，长且分枝。叶三角状卵形，先端急尖，基部心形，全缘或两侧浅裂。花单生叶腋，花冠白色或粉红色。蒴果球形。种子卵圆形，无毛。花果期6—9月。

多生于田间、地埂、沟边、路旁、山坡荒地、林缘草甸。根入药，有清热利湿、理气健脾等功效，治急性结膜炎、咽喉炎等症。

篱打碗花的花

宽叶打碗花的群体生长

宽叶打碗花的缠绕茎与叶片

三十四、紫草科

琉璃草属

大果琉璃草 *Cynoglossum divaricatum* Stephan ex Lehmann

别名 展枝倒提壶。

二年生草本，株高 50～90 厘米。根直立，单一。全株密被短柔毛。茎直立，上部多分枝。叶全缘，基生叶和茎下部叶具长柄，宽长条形；茎上部叶无柄，长条形，先端渐尖。花序多分枝，开展且松散；花小，花冠蓝色、花紫色，5 裂片，裂片近方形，具附属物。小坚果 4，分离，着生面位于腹面上部，卵形，密生锚状钩。花果期 6—9 月。

旱中生植物，生于沙地、河谷、田间、路旁。果和根入药。果有收敛、止泻等功效，治小儿腹泻等症；根有清热解毒等功效，治扁桃体炎等症。

大果琉璃草的分枝与叶形

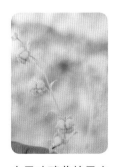

大果琉璃草的果实

大果琉璃草的花序与花

大果琉璃草的群体生长

三十五、唇形科

筋骨草属

多花筋骨草 *Ajuga multiflora* Bunge

多年生草本。株高 10～20 厘米。茎直立，不分枝，四棱形，密被灰白色绵毛状长柔毛，幼嫩部分尤密。基生叶具柄，茎上部叶无柄；叶片均纸质，长椭圆形或椭圆形。轮伞花序密集成穗状；花冠蓝紫色或蓝色，筒状，上唇短，先端 2 裂，下唇伸长，3 裂。小坚果倒卵状三棱形，具 1 大果脐。花果期 4—6 月。

生于山坡草丛、河边草地、灌丛。可作为观赏植物。全草入药，有利尿等功效，治尿路不畅等症。

多花筋骨草的群体生长　　　　多花筋骨草的花序与花　　　　多花筋骨草的叶形

黄芩属

并头黄芩 *Scutellaria scordifolia* Fisch. ex Schrank

别名 头巾草。

多年生草本，株高 15～30 厘米。根状茎细长，淡黄白色。茎直立，四棱形，单生或少分枝。单叶对生，狭卵形或长条形，边缘具浅锯齿，背面有多数凹腺点。花单生于茎上部的叶腋内，1 花且偏向一侧；花冠蓝紫色，冠筒基部弯曲，上唇盔状，内凹，下唇 3 裂，中裂片显著。小坚果黑色，椭圆形，具瘤状凸起。花果期 6—9 月。

生于林下、林缘、草地、草甸、路旁、撂荒地。叶可代茶用。全草入药，有清热解毒、利尿等功效，治肝炎、阑尾炎、跌打损伤等症。

并头黄芩的群体生长

并头黄芩的叶形

并头黄芩的花序与花

青兰属

光萼青兰 *Dracocephalum argunense* Fisch. ex Link

多年生草本，株高 45~60 厘米。茎直立，不分枝，上部四棱形，中下部近圆柱形，几无毛。茎下部叶具短柄，叶片长圆状条形，先端钝；茎中上部叶无柄，长条形。轮伞花序生于茎顶 2~4 个节上；花冠蓝紫色，外面被短柔毛。花果期 6—9 月。

生于山坡草地、草原、河边、沙质草甸、灌丛。花形美观，可作为园林观赏植物。

光萼青兰的全株

光萼青兰的花序与花

光萼青兰的群体生长

益母草属

细叶益母草 *Leonurus sibiricus* L.

别名 益母蒿、龙昌菜。

一、二年生直立草本。高 30～80 厘米。茎直立，四棱形。茎下部叶早落；中部叶片卵形，掌状 3 全裂，小裂片再羽状 3 裂；上部叶片近菱形，3 全裂，仅中间小裂片再 3 裂；所有裂片终为线形。轮伞花序腋生，多花聚生。花冠粉红色至紫红色，二唇形，外被长柔毛，上唇伸直，下唇较短，3 裂。小坚果长圆状三棱形。花果期 7—9 月。

旱中生植物，生于石质丘陵、沙质草地、林下、林缘、草甸草原。全草入药，有活血调经、利尿消肿等功效，主治妇科疾病、痈肿疮疡等症。

细叶益母草的群体生长

细叶益母草的叶形

细叶益母草的花序与花

水苏属

华水苏 *Stachys chinensis* Bunge ex Benth.

别名 水苏。

多年生草本，株高 50～80 厘米。茎直立，单一，不分枝，四棱形，上部毛较多。单叶对生，长圆状条形，有光泽，边缘具小齿。长穗状轮伞花序，多轮，每轮 6 花；花冠紫红色或粉红色，二唇形，上唇直立，被微柔毛，下唇平展，3 裂，中裂片较大。小坚果卵圆状三棱形，褐色无毛。花果期 6—9 月。

生于水沟、路旁、沙地、湿地草原。全草入药，有祛风止痛、止血等功效，治感冒、咽喉肿痛、咯血等症。

华水苏的群体生长

华水苏的叶形

华水苏的花序与花

香茶菜属

蓝萼香茶菜 *Rabdosia japonica* (Burm. f.) Hara var. *glaucocalyx* (Maxim.) Hara

别名 山苏子。

多年生草本，株高 70～150 厘米。根粗大。茎直立，四棱形，具纵槽纹，多分枝。单叶对生，卵形或阔卵形，先端顶齿渐尖，边缘有锯齿，两面被柔毛。花小，圆锥花序顶生，疏松排列成圆锥花序；花冠淡紫色、紫蓝色，二唇形，上唇反折，4 裂，下唇 1，卵圆形。小坚果卵状三棱形。花果期 7—9 月。

中生植物，生于山坡、林缘、林下、灌丛、路旁、撂荒地。全草入药，有清热解毒、健脾活血等功效，治食欲不振、感冒发热、胃炎、肝炎等症。

蓝萼香茶菜的群体生长

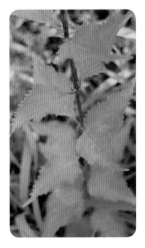

蓝萼香茶菜的叶形

蓝萼香茶菜的花序与花

三十六、茄科

茄属

◇◇◇◇◇◇◇◇◇◇◇◇◇◇◇◇◇◇◇◇◇◇◇◇◇◇◇◇◇◇◇◇◇◇

青杞 *Solanum septemlobum* Bunge

别名 红葵。

多年生草本或半灌木状，株高 50～90 厘米。茎具棱，多分枝，被白色短柔毛。单叶互生，卵形，不整齐多深裂，裂片卵形至长条形。二歧聚伞花序顶生或腋外生；花梗长纤细；花冠大，紫色，5 深裂，花瓣皱褶状长圆形。浆果近球状，熟时红色。种子扁圆形。花果期 7—9 月。

生于山坡草地、村边荒地、田边路旁。全草入药，有抗真菌、消炎等功效，治咽喉肿痛、目赤头晕、乳腺炎等症。

青杞的果实

青杞的群体生长

青杞的分枝与叶形

三十七、玄参科
通泉草属

弹刀子菜 *Mazus stachydifolius* (Turcz.) Maxim.

别名 通泉草。

多年生草本，株高 10～50 厘米。短根状茎。全株被白色长柔毛。茎直立，基部多分枝。单叶对生，上部常互生，无柄，矩圆形、椭圆形。总状花序顶生；花冠蓝紫色，上唇短，2 裂，下唇宽大，3 裂，中裂片较小，被黄色斑点。蒴果扁卵球形。种子小，卵球形。花果期 6—8 月。

中生植物，生于路旁、林缘、草坡、草甸。全草入药，有解蛇毒等功效，治毒蛇咬伤等症。

弹刀子菜的群体生长　　　　弹刀子菜的叶形　　　　弹刀子菜的花序与花

柳穿鱼属

柳穿鱼 *Linaria vulgaris* Mill.

别名 苞米楂子花。

多年生草本，株高 20～80 厘米，茎直立，上部分枝。单叶，互生，条形。总状花序顶生，花多数密集，上唇 2 裂片，下唇 3 裂，基部向上隆起呈囊状，橙黄色（黄玉米粒）。距长，略向上弯。蒴果卵球状。种子盘状，边缘有宽翅。花果期 7—9 月。

生于山坡、路边、田边草地中、多沙的草原。全草入药，有清热解毒、散瘀消肿等功效，治头痛、头晕、黄疸、痔疮、便秘、皮肤病、烫火伤等症。

柳穿鱼的群体生长　　　　　柳穿鱼的分枝与叶形　　　柳穿鱼的花序与花

阴行草属

阴行草 *Siphonostegia chinensis* Benth.

别名 刘寄奴。

一年生草本，株高 30～50 厘米。全株密被锈色短毛。主根不发达，须根多。茎直立，多单生，中空，基部有膜质鳞片；上部多分枝；分枝对生，细长，坚挺，近45°角叉分，稍具棱角，密被无腺短毛；下部常不分枝。茎生叶对生，上部茂密，叶片厚纸质，卵形，两面皆密被短毛，锐尖头，全缘。花对生于茎枝上部，总状花序稀疏；花冠上唇红紫色，下唇黄色，外面密被长纤毛。蒴果长圆形，顶端稍偏斜，黑褐色。种子多数，黑色，长卵圆形。花果期 6—9 月。

生于山坡、草地。全草入药，有清热利湿、凉血止血、祛瘀止痛等功效，治肝炎、胆囊炎、尿结石、小便不畅等症。

阴行草的群体生长

阴行草的叶形

阴行草的花序与花

腹水草属

草本威灵仙 *Veronicastrum sibiricum* (L.) Pennell

别名 轮叶婆婆纳。

多年生草本。株高 1 米以上。全株披柔毛。根状茎横走。茎圆柱形，直立不分枝。叶 4~6 枚轮生，叶片宽条形，边缘具锐锯齿。花序顶生，多花聚集成长尾状穗状花序；花冠紫色、淡紫色、白色，花冠筒长，顶端 4 裂。蒴果卵状。种子椭圆形。花果期 6—8 月。

生于路边、山坡、草甸、灌丛、林缘、林下。全草入药，有祛风除湿、解毒消肿、止痛止血等功效，治风湿性腰腿痛、膀胱炎等症。

草本威灵仙的花序

草本威灵仙的花

草本威灵仙的群体生长

草本威灵仙的叶形

柳叶婆婆纳 *Veronicastrum tubiflorum* (Fisch. et Mey.) Hara

别名 管花腹水草。

多年生草本，株高 60～110 厘米。茎不分枝，直立，有细柔毛。单叶互生，无柄，条形，边缘具尖锯齿。长尾状总状花序顶生，花密集，花冠蓝色或蓝紫色。蒴果卵形，顶端急尖。花果期 6—9 月。

生于湿地、草甸、草地、灌丛及疏林下。

柳叶婆婆纳的群体生长

柳叶婆婆纳的叶形

柳叶婆婆纳的花序

马先蒿属

返顾马先蒿 *Pedicularis resupinata* L.

多年生草本，株高 40～75 厘米，干时不变黑色。须根多数。直立，茎常单出，上部多分枝，粗壮而中空，有 4 棱，深紫色，有疏毛或几无毛。叶密生，均茎出，互生或下中部时有对生，叶片膜质至纸质，卵形至椭圆形，先端渐尖，边缘有锯齿。总状花序；花冠淡紫红色，管细长伸直，自基部起即向右扭旋。蒴果斜长圆形。种子长圆形，中褐色。花果期 6—9 月。

中生植物，生于湿润草地、林缘、草甸、山地林下、沟谷。全草入药，有清热解毒等功效，治急性肠炎等症。

返顾马先蒿的花序

返顾马先蒿的叶形

返顾马先蒿的群体生长

三十八、车前科

车前属

平车前 *Plantago depressa* **Willd.**

别名 车轱辘菜。

一、二年生草本。株高 20～40 厘米。全株被短柔毛。直根粗壮。叶基生直立或平铺，椭圆形、宽长条形，具纵弧形脉。花葶 10 厘米，直立或斜升；穗状花序圆柱状，花冠裂片卵形。蒴果卵状椭圆形，黄褐色。种子圆形黑棕色，有光泽。花果期 6—9 月。

中生植物，生于草甸、河滩、沟谷、山坡、田野路旁。幼株可食用，为良等饲用植物。全草入药，有利尿、清热、明目、祛痰等功效，治尿路感染、小便不畅等症。

平车前的叶形

平车前的群体生长

平车前的花序

三十九、茜草科

拉拉藤属

蓬子菜 *Galium verum* L.

别名 松叶草。

多年生草本，株高 30～60 厘米。茎直立或斜升，具 4 纵棱，常丛生。叶 6～8 片轮生，叶片条形或线形，鲜绿，无毛。聚伞花序顶生或腋生；花小，黄色，具短柄，花冠裂片 4，卵形，多而密集。蒴果小，双生，近球状。花果期 7—9 月。

中生植物，生于山坡旷野、河滩、林缘灌丛、草甸、草原。全草入药，有清热解毒、活血通经、祛风止痒等功效，治咽喉肿痛、肝炎、跌打损伤等症。

蓬子菜的群体生长

蓬子菜的分枝与叶形

蓬子菜的花序与花

茜草属

茜草 *Rubia cordifolia* L.

别名 红丝线。

多年生攀援草木。根紫红色或橙黄色。茎多分枝，细长，有4棱，棱上生倒刺。叶4片轮生，纸质，卵形，顶端渐尖，边缘齿状，两面粗糙，脉上有微小皮刺。聚伞花序腋生和顶生，多回分枝，花多数，排列成松散的圆锥花序；花小，花冠淡黄色，5裂，裂片卵形。果球形，橘红色。种子单生。花果期7—9月。

生于疏林、林缘、灌丛、草地、石质山坡、沟旁草丛。根入药，有凉血活血、祛瘀通经等功效，治吐血、关节痹痛等症。

茜草的群体生长

茜草的花序

茜草的叶形

四十、忍冬科

忍冬属

黄花忍冬 *Lonicera chrysantha* **Turcz.**

落叶灌木，高 2～4 米。全株被糙毛。叶纸质，卵形，顶端渐尖或急尾尖，两面脉上被糙伏毛。总花梗细；花冠白色、黄色，外生短糙毛，唇形，基部有 1 深囊。果实红色，圆形。花果期 5—9 月。

生于沟谷、林下、林缘、灌丛。花入药，有清热解毒、散痈消肿等功效，治疗疮痈肿等症。

黄花忍冬的群体生长

黄花忍冬的分枝与叶形

黄花忍冬的花序与花

接骨木属

接骨木 *Sambucus williamsii* Hance

灌木，高 2～3 米。树皮浅灰褐色。枝有棱条，无毛，灰褐色。单数羽状复叶，小叶 2～3 对，互生或对生，狭卵形，嫩时上面被疏长柔毛，先端渐尖，边缘具不整齐锯齿。复伞形花序顶生，大而疏散，花冠白色，仅基部联合。果实红色，近圆形，表面有凸起。种子有皱褶。花果期 5—9 月。

中生灌木，生于山坡、山麓、林缘、沟边、灌丛。茎枝入药，有接骨续筋、祛风利湿、通经活血等功效，治跌打损伤、腰骨疼痛等症。

接骨木的叶形

接骨木的群体生长

接骨木的花序

四十一、败酱科

缬草属

缬草 *Valeriana officinalis* L.

多年生草本，株高 120～150 厘米。须根簇生。茎中空。茎生叶卵形至宽卵形，羽状深裂，裂片长条形，顶端渐窄。花序顶生，伞房状。花冠淡紫红色或白色，裂片椭圆形。瘦果长卵形。花果期 5—9 月。

生于山坡草地、林下、沟边。根入药，有安定心神等功效，治心神不安、风湿痹痛、跌打损伤等症。

缬草的叶形

缬草的群体生长

缬草的花序与花

四十二、川续断科

蓝盆花属

华北蓝盆花 *Scabiosa tschiliensis* **Grün.**

别名 华北山萝卜。

多年生草本，株高 60～80 厘米。根粗壮，木质。茎直立或斜升，基部分枝。基生叶簇生，叶片有长柄，椭圆形，边缘具锯齿；茎生叶对生，叶片长圆形，1～2 回羽状全裂，裂片线形。头状花序单生或三出聚伞状，花时半球形；花冠蓝紫色，外面密生短柔毛，中央花冠筒状，先端 5 裂，裂片等长；边缘花二唇形。瘦果椭圆形。花果期 6—9 月。

中旱生植物，生于沙地、沙丘、山坡、草原。花形奇特，花朵大，花期长，可作为城市美化、园林绿化、防风固沙植物。花入药，有清热泻火等功效，治肝火头痛、发热咳嗽等症。

华北蓝盆花的分枝与叶形

华北蓝盆花的群体生长

华北蓝盆花的花序与花

113

四十三、桔梗科

风铃草属

聚花风铃草 *Campanula glomerata* L. subsp. *cephalotes* (Nakai) Hong

多年生草本。株高1米以上。茎直立、高大。茎生叶位于下部的具长柄，卵形；上部的无柄，椭圆形；全部叶片边缘有尖锯齿。数朵花集成头状花序；花冠紫色、蓝紫色或蓝色，管状钟形，分裂至中部。蒴果圆锥形。种子长矩圆状，稍扁。花期7—9月。

生于山谷草地、草原、草甸、灌丛。全草入药，有清热解毒、止痛等功效，治咽喉炎、头痛等症。

聚花风铃草的叶形

聚花风铃草的群体生长

聚花风铃草的花序与花

沙参属

细叶沙参 *Adenophora paniculata* Nannf.

别名 紫沙参、兰花参。

多年生草本，株高 1～1.5 米。茎高大，绿色或紫色，不分枝。茎生叶无柄或有长柄，叶片条形至椭圆形，全缘或有锯齿，通常无毛。圆锥花序，由多个花序分枝组成；花冠细小，近筒状，浅蓝色、淡紫色或白色。蒴果卵形。种子椭圆状，棕黄色。花果期 6—9 月。

生于山坡草地、灌丛。根、叶可食用。根入药，有祛寒热、清肺止咳、滋补等功效，治心脾痛、头痛、支气管炎、妇女白带等症。

细叶沙参的群体生长

细叶沙参的分枝与叶形

细叶沙参的花序与花

四十四、菊科

马兰属

全叶马兰 *Kalimeris integrifolia* Turcz. ex DC.

别名 全叶鸡儿肠。

多年生草本，株高 40～90 厘米。全株被短柔毛。直根粗壮。茎直立，单生或帚状分枝。单叶互生，灰白绿色，全缘，长条形；茎中部叶多而密，长条形，顶端钝或渐尖，常有小尖头；茎上部叶较小，条形。头状花序单生枝顶，常排成疏伞房状。总苞半球形，总苞片3层，覆瓦状排列，外层近条形；边缘舌状花1层，淡紫色；管状花两性，淡黄色。瘦果倒卵形，浅褐色，稍扁，冠毛污白。花果期6—10月。

生于山坡、林缘、灌丛、路旁。是营养丰富的饲草，家兔喜食。全草入药，有清热解毒、镇咳止咳等功效，治感冒发热、咽炎咳嗽等症。

全叶马兰的群体生长

全叶马兰的分枝、叶形与花序

全叶马兰的花

东风菜属

东风菜 *Doellingeria scaber* (Thunb.) Nees

别名 大耳毛。

多年生草本，株高 80～120 厘米。茎直立单一，上部分枝。基生叶和下部叶片心形，具长柄，边缘有具小尖头的齿；中上部叶片渐小。头状花序顶生，排列成伞房状；舌状花白色，条状矩圆形；管状花黄色，5 裂片，裂片反卷。瘦果倒卵圆形或椭圆形，冠毛污黄白色。花果期 6—10 月。

中生植物，生于山谷坡地、草地、灌丛。幼苗、嫩茎叶可食用。有清热解毒、祛风止痛、行气活血等功效，治毒蛇咬伤、关节炎、跌打损伤、咽喉肿痛等症。

东风菜的花序与花

东风菜的分枝与叶形

东风菜的群体生长

紫菀属

◇◇

紫菀 *Aster tataricus* L. f.

别名 青菀。

多年生草本，株高 30～50 厘米。具根茎。茎直立，单一或上部少分枝。叶片厚纸质，长条形，叶缘有小锯齿。头状花序单生，多数在枝端排列成复伞房状；总苞片 3 层，线形，顶端尖；舌状花多数，舌片蓝紫色；管状花黄色，5 裂片近等长。瘦果倒卵状长圆形，紫褐色。冠毛污白色或带红色。花果期 7—9 月。

中生植物，生于林下、林缘、灌丛、山顶、低山草地、沼泽地。根入药，有宣肺下气、化痰止咳等功效，治慢性气管炎，咳嗽气喘、肺虚久咳等症。

紫菀的分枝与叶形

紫菀的群体生长

紫菀的花序与花

火绒草属

火绒草 *Leontopodium leontopodioides* (Willd.) Beauv.

别名 火绒蒿。

多年生草本，株高 20～40 厘米。茎丛生，被灰白色绢毛，挺直或稍弯曲，下部木质化。叶片长条形，灰白色，被绢毛。头状花序大，雌雄异株；雄株单生或数个集生；雌株有较长的花序梗，并排列成伞房状。雄花冠狭漏斗状；雌花冠丝状，冠毛白色外露，花序如绒团状。瘦果有乳头状凸起或密粗毛。花果期 7—9 月。

生于干旱草原、黄土坡地、石砾地、山区草地。全草入药，有清热凉血、利尿等功效，治急慢性肾炎、尿道炎等症。

火绒草的群体生长

火绒草的分枝与叶形

火绒草的花序与花

苍耳属

苍耳 *Xanthium sibiricum* Patrin ex Widder

别名 老苍子。

一年生草本，株高 30～90 厘米。全株被白色糙伏毛。茎直立粗壮，上部有分枝。叶互生，具长柄，三角状卵形或心形，边缘有不规则的粗锯齿。雄性头状花序球形，花冠钟形，黄绿色，5 裂片；雌性头状花序椭圆形，无花冠，总苞片结合成囊状。瘦果成熟时变坚硬，有疏生的具钩状的刺。瘦果 1～2 枚，椭圆形。花果期7—9 月。

生于平原、丘陵、低山、荒野、路旁、田边。有害的田间杂草。种子可榨油。全草及果实入药，有祛风散热、除湿解毒等功效，治感冒、头晕、鼻炎等症。

苍耳的群体生长

苍耳的叶形

苍耳的花序与花

鬼针草属

◇◇

狼杷草 *Bidens tripartita* L.

别名 鬼叉。

一年生草本，株高30～90厘米。茎直立或斜升，基部分枝，无毛。叶对生，无毛，叶柄有狭翅；中部叶常羽状，3～5深裂，顶生裂片较大，椭圆形，边缘有锯齿；上部叶3裂或不裂。头状花序单生或腋生；总苞片多数，外层条形，叶状，具缘毛；花黄色，全为筒状两性花。瘦果扁，倒卵状楔形，边缘有倒刺毛。花果期7—9月。

生于路边、荒野、水边、湿地、滩地。全草入药，有清热解毒、养阴润肺、收敛止血等功效，治感冒、扁桃体炎、气管炎、咽喉炎、肺结核等症。

狼杷草的叶形

狼杷草的群体生长

狼杷草的花序与花

线叶菊属

线叶菊 *Filifolium sibiricum* (L.) Kitam.

别名 疔毒花、兔毛蒿。

多年生草本，株高 20～60 厘米。根粗壮，直伸，木质化。茎丛生，密集，基部具密厚的纤维鞘。基生叶有长柄，倒卵形或矩圆形；茎生叶较小，互生，全部叶 2～3 回羽状全裂，裂片线形，无毛。头状花序异型，在枝端或茎顶排成复伞房花序；总苞球形或半球形，总苞片 3 层，先端圆形，外围有 1 层结实的雌花，花冠筒状，先端 2 裂；中央盘花多数，花冠管状，黄色。瘦果倒卵形稍压扁，无毛。花果期 6—9 月。

中旱生植物，生于山坡、草地。中等饲用植物。全草入药，有清热解毒、抗菌消炎、安神镇静等功效，治传染病高热、失眠、神经衰弱等症。

线叶菊的群体生长

线叶菊的叶形

线叶菊的花序与花

蒿属

蒙古蒿 *Artemisia mongolica* (Fisch. ex Bess.) Nakai

多年生草本，株高 40～120 厘米。根细，侧根多。茎单生，具明显纵棱，分枝多，营养枝少。叶纸质或薄纸质，上面绿色，初时被蛛丝状柔毛，后渐稀疏或近无毛，叶柄长，两侧常有小裂齿，基部常有小型的假托叶。头状花序多为椭圆形，无梗；总苞片 3～4 层，覆瓦状排列，外层总苞片较小。瘦果小，长圆状倒卵形。花果期 7—9 月。

中生植物，生于森林、草原、山坡、灌丛、河边、路旁。全草入药，有温经、止血、散寒、祛湿等功效，治感冒咳嗽、皮肤湿疮、痛经等症。

蒙古蒿的群体生长

蒙古蒿的分枝与叶形

蒙古蒿的花序与花

大籽蒿 *Artemisia sieversiana* **Ehrhatr ex Willd.**

别名 白蒿。

一年生或二年生草本，株高 80～140 厘米。主根垂直，狭纺锤形，侧根多。茎单生，直立，多分枝，具纵条棱，被灰白色微柔毛。下部与中部叶宽卵形或宽卵圆形，两面被微柔毛，2～3 回羽状全裂。头状花序大，多数，半球形或近球形；总状花序或复总状花序，排列开展或略狭窄的圆锥花序；总苞片 3～4 层，近等长，花冠管状。瘦果长圆形，褐色。花果期 6—9 月。

中生植物，生于路旁、荒地、河漫滩、草原、森林、草原、干山坡、林缘。可作牲畜饲料，全草入药，有祛风、清热、利湿等功效，治风湿寒痹、热痢等症。

大籽蒿的花序

大籽蒿的群体生长

大籽蒿的花

黄花蒿 *Artemisia annua* L.

别名 臭黄蒿。

一年生草本，株高 100～120 厘米。全株有极稀疏短柔毛，有浓烈的香气。根单生，垂直。茎单生，幼时绿色，后变褐色或红褐色，多分枝。叶片纸质，绿色，宽卵形或三角状卵形，2～4 回栉齿状羽状深裂，裂片长椭圆状卵形，再次分裂，小裂片边缘具多深裂齿。头状花序球形，多数；总苞片 3～4 层，花深黄色，两性花多数。瘦果小，椭圆状卵形，略扁。花果期 7—9 月。

生于河谷、路旁、荒地、山坡、草原、林下、林缘。可作为牲畜饲料。全草入药，有清热解暑、凉血利尿、健胃盗汗等功效，治疟疾、虚热等症。

黄花蒿的群体生长

黄花蒿的分枝与叶形

黄花蒿的花序与花

千里光属

林阴千里光 *Senecio nemorensis* **L.**

别名 黄菀。

多年生草本，株高60～100厘米。根状茎短粗，具多数不定根。茎单生，直立，上部有分枝；花序下不分枝，被疏柔毛或近无毛。基生叶和下部茎叶在花期凋落；中部茎叶多数，近无柄，长条形，顶端渐尖，边缘具密锯齿，两面被疏短柔毛。头状花序多数，排成复伞房花序；总苞钟形，具外层苞片，苞片4～5，线形。舌状花黄色，线状长圆形，顶端具3细齿；管状花黄色。瘦果圆柱形，冠毛白色。花果期7—9月。

中生植物，生于林缘、草甸、河边。全草入药，有清热解毒、凉血消肿等功效，治结膜炎、肝炎、痢疾等症。

林阴千里光的群体生长　　　　林阴千里光的分枝与叶形　　林阴千里光的花序与花

红轮千里光 *Senecio flammeus* **Turcz. ex DC.**

多年生草本，株高50～75厘米。茎直立，被白色蛛丝状密毛。下部叶长圆形，基部渐狭成半抱茎的长柄，边缘有具小尖头的齿，两面被密毛；中上部叶长圆形，基部抱茎，无柄。头状花序，排列成假伞房状，被密绵毛；总苞杯状，总苞片1层，紫黑色，条形；筒状花多数，紫黄色。瘦果，近圆柱形，冠毛污白色。花果期7—9月。

生于山坡、草地、林缘。全草和花入药，有清热解毒、清肝明目、活血调经等功效，治咽喉炎、目赤肿痛、疔毒痈肿等症。

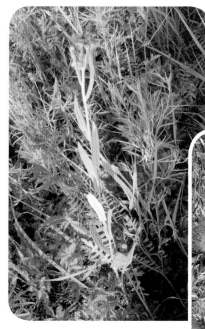

红轮千里光的群体生长

红轮千里光的全株

红轮千里光的花序与花

狗舌草属

◇◇

狗舌草 *Tephroseris kirilowii* (Turcz. ex DC.) Holub

多年生草本，株高 25～55 厘米。茎单生，直立，不分枝，被密白色蛛丝状毛；基生叶莲座状，具短柄，椭圆形或长圆形，边缘具短齿，两面被白色绒毛；中部叶长条形，稀疏，全缘，基部半抱茎；上部叶线形，全缘。头状花序于茎顶排列成伞房花序；总苞钟形，苞片长条形，膜质边缘，舌状花雌性，黄色，先端 2～3 齿裂，管状花多数，两性，花冠黄色，先端 5 齿裂。瘦果圆柱形，被密硬毛。冠毛白色，花期 5—7 月。

中旱生植物，生于山坡草地、山地林缘、草甸草原。全草入药，有清热解毒、利尿等功效，治尿路感染、小便不畅等症。

狗舌草的叶形

狗舌草的群体生长

狗舌草的花序与花

橐吾属

蹄叶橐吾 *Ligularia fischeri* (Ledeb.) Turcz.

别名 马蹄叶、肾叶橐吾。

多年生草本,株高 80～120 厘米。根肉质,黑褐色,多数。茎高大,直立,具纵沟,上部及花序被黄褐色有节短柔毛,下部光滑,被褐色枯叶柄纤维包围。丛生叶与茎下部叶具柄,光滑,基部鞘状,叶片肾形和心形,先端圆形,有时具尖头,边缘有整齐的锯齿。头状花序在茎顶排列成总状花序,总苞钟形,苞片草质,卵形或卵状条形;舌状花黄色,舌片长圆形,先端钝圆;管状花多数,冠毛红褐色较短。瘦果圆柱形,光滑。花果期 6—9 月。

生于河边、草甸、山坡、灌丛、林缘、林下。全草入药,有理气活血、宣肺利气、止咳去痰等功效,治急性支气管炎、肺结核、咳嗽多痰等症。

蹄叶橐吾的群体生长

蹄叶橐吾的叶形

蹄叶橐吾的花序与花

蓝刺头属

褐毛蓝刺头 *Echinops dissectus* Kitag.

多年生草本，株高 30～90 厘米。茎直立，单生，基部残存叶柄，不分枝或上部有短分枝。基生叶及中下部茎叶有短柄，椭圆形或长椭圆形，2 回羽状分裂，边缘刺齿或刺状缘毛；上部茎叶与前者相似，但叶质地薄，纸质，两面异色，上绿下白，被密厚绵毛；头状花序单生茎顶，小花蓝色，花冠深 5 裂，花冠管有腺点。瘦果倒圆锥形，冠毛杯状。花果期 7—9 月。

生于山坡、林缘、砾石山坡、草甸、草原、河边。花序别致可爱，淡蓝色，可作为园林绿化植物。根入药，有清热解毒、排脓止血等功效，治腮腺炎、乳腺炎等症。

褐毛蓝刺头的群体生长

褐毛蓝刺头的叶形

褐毛蓝刺头的花序与花

苍术属

苍术 *Atractylodes lancea* (Thunb.) DC.

别名 北苍术。

多年生草本。株高 50～80 厘米。根状茎肥大，结节状。茎直立，单生或上部少分枝，具纵沟，被稀疏柔毛。叶互生，革质无毛；基部叶花期脱落；中下部茎生叶几无柄，圆形、倒卵形或椭圆形，不分裂或大头羽状浅裂；上部叶变小，长条形。常不分裂。头状花序单生茎枝顶端；总苞钟状，叶状苞片刺状羽状全裂或深裂；总苞片 5～7 层，覆瓦状排列；小花白色。瘦果倒卵圆状，冠毛淡褐色。花果期 6—9 月。

生于山坡草地、林下、灌丛、岩石缝隙。道地药材，各地多有栽培。根入药，有健脾、燥湿、祛风、止痛等功效，治风寒感冒、腹胀吐泻、关节疼痛等症。

苍术的生长环境

苍术的花序

苍术的叶形

苍术的花

蓟属

◇◇

大蓟 *Cirsium setosum* (Willd.) MB.

别名 大刺儿菜。

多年生草本，高60～95厘米。具长根状茎。茎直立，有纵槽，被白色蛛丝状毛。叶互生；基部叶枯萎；中下部叶长椭圆形，先端钝，边缘齿裂，有针刺，两面均被蛛丝状绵毛；上部叶变小，长条形。雌雄异株，头状花序顶生，排列成松散的伞房状；总苞钟状，8层；雌花较大，花冠紫色。瘦果椭圆形，冠毛白色。花果期7—9月。

中生植物，生于林缘、草原、山坡、河旁、荒地、田间。全草入药，有凉血止血、消散痈肿等功效，治咯血尿血、痈肿疮毒等症。

大蓟的叶形

大蓟的群体生长

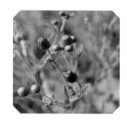
大蓟的花序

大蓟的花

绒背蓟 *Cirsium vlassovianum* Fisch. ex DC.

多年生草本，株高 45～80 厘米。有块根。茎直立，有条棱，单生，不分枝，茎枝被稀疏绒毛。茎生叶长条形，不分裂，顶端渐尖、急尖或钝。头状花序单生茎顶，少数排成疏松伞房花序或穗状花序；总苞长卵形，直立，总苞片紧密覆瓦状排列，向内层渐长，最外层长三角形，顶端急尖成短针刺，全部苞片外面有黑色黏腺；小花紫色。瘦果褐色，稍压扁，长条状；冠毛浅褐色，多层，长羽毛状。花果期 5—9 月。

生于山坡林中、林缘、河边、湿地。根入药，有祛风除湿、止痛等功效，治风湿性关节炎、四肢麻木等症。

绒背蓟的群体生长

绒背蓟的叶形与花序

绒背蓟的花

漏芦属

祁州漏芦 *Rhaponricum uniflorum* (L.) DC.

别名 漏芦、和尚头。

多年生草本，株高 30～100 厘米。根粗壮。茎直立，不分枝，具纵沟，被白色绵毛。叶羽状深裂或全裂，裂片再羽状深裂和浅裂，叶缘有锯齿。头状花序大型，单生茎顶；总苞片多数，覆瓦状排列，苞片顶端有宽卵形膜质附属物，浅褐色，鱼鳞状隆起；花两性，管状花冠紫红色。瘦果有棱，边缘细尖齿，冠毛褐色。花果期5—9 月。

中旱生植物，生于山坡丘陵、林下林缘、干草原、草甸草原。根入药，有清热解毒、排脓消肿、通乳等功效，治乳痈疮肿、乳汁不畅、乳房胀痛等症。

祁州漏芦的群体生长

祁州漏芦的叶形与花序

祁州漏芦的花

麻花头属

麻花头 *Serratula centauroides* L.

多年生草本，株高 60～100 厘米。根横走，黑褐色。茎直立，上部常不分枝，中部以下被稀疏的或稠密的节毛。基生叶及下部茎叶长椭圆形，羽状深裂，叶柄长，顶端急尖；中部茎叶与前者同形，但无叶柄；上部的叶小，羽状裂片全缘；全部叶两面粗糙。头状花序单生于茎枝顶端；总苞卵形，总苞片多层，覆瓦状排列，硬膜质。花红色、红紫色、白色。瘦果长椭圆形，褐色；冠毛糙毛状。花果期 6—9 月。

生于山坡林缘、草原、草甸、路旁、田间。可作为观赏植物。全草入药，有祛风通络、活血化瘀等功效，治关节疼痛、四肢麻木等症。

麻花头的群体生长

麻花头的叶形与花序

麻花头的花

伪泥胡菜 *Serratula coronata* L.

多年生草本，株高 80～150 厘米。根粗壮横走。茎直立，无毛。基生叶与下部茎叶全形，长椭圆形，羽状全裂；中上部茎叶与前者同形并等样分裂，但无柄；全部叶裂片边缘有锯齿或大锯齿，两面绿色，有短糙毛或脱毛。头状花序异型顶生，排成伞房花序；总苞钟形，总苞片覆瓦状排列，外层三角形或卵形，顶端急尖；全部苞片外面紫红色。小花紫色。瘦果长椭圆形，冠毛黄褐色，糙毛状。花果期 7—9 月。

中生植物，生于山坡林下、林缘、草原、草甸、河岸。家畜采食幼嫩枝条和花序。根入药，有解毒透疹等功效，治麻疹初期透发不畅、风湿瘙痒等症。

伪泥胡菜的群体生长

伪泥胡菜的叶形

伪泥胡菜的花序与花

毛连菜属

兴安毛连菜 *Picris davurica* **Fisch.**

　　二年生草本，株高 70～150 厘米。茎直立，上部有分枝，密被钩状分叉硬毛。茎生叶互生，无柄，长条形，叶缘具尖齿，密被钩状硬毛。头状花序多数，聚集成伞房状；总苞钟形，总苞片条形，背面密被长硬毛。全为舌状花，花冠黄色。瘦果稍弯曲，红褐色。花果期 7—9 月。

　　生于林缘、山坡草地、灌丛、沟边、路旁。花入药，有降气化痰、止咳平喘等功效，治咳嗽多痰、胸闷腹胀等症。

兴安毛连菜的分枝与叶形

兴安毛连菜的花序

兴安毛连菜的花

兴安毛连菜的群体生长

黄金菊属（猫儿菊属）

黄金菊 *Achyrophorus ciliatus* (L.) Scop.

别名 猫儿菊。

多年生草本，株高 20～60 厘米。茎直立，不分枝，被硬毛。基生叶和下部茎生叶长椭圆形，基部渐狭，边缘具小锯齿，两面被硬毛；中上部茎生叶宽椭圆形，基部抱茎，边缘具小锯齿，两面被硬毛。头状花序大型，单生于茎端；总苞半球形，总苞片 3～4 层，外层类型，边缘紫红色；花冠橙黄色。瘦果圆柱状，浅褐色。花果期 7—9 月。

生于山坡草地、林缘、草甸、灌丛、路旁。株型紧凑，花期较长，花色靓丽，是流行的花卉，可用于庭院、道路和公园绿地。全草及花入药，有疏风清热、平肝明目等功效，治咽炎、气管炎、高血压等症。

黄金菊的群体生长

黄金菊的叶形

黄金菊的花

蒲公英属

蒲公英 *Taraxacum mongolicum* Hand. -Mazz.

多年生草本，全株含白色乳汁。根圆柱状，黑褐色，粗壮。全部基生叶，呈莲座状，叶片倒卵状长条形，大头羽状分裂，边缘具波状浅裂，顶端裂片较大，近三角形，侧裂片斜三角形。花葶1至数个，与叶近等长，上部紫红色，密被白色长柔毛；头状花序较大，单生；总苞钟状，总苞片覆瓦状，外层短小，基部淡绿色，上部紫红色；花两性，舌状花黄色，舌片先端5齿。瘦果倒卵状长条形，暗褐色，冠毛白色。花果期5—8月。

生于山坡草地、路边、田野、河滩。嫩叶可食用或泡水饮用。全草入药，有清热解毒、消肿散结等功效，治感冒发热、扁桃体炎、支气管炎等症。

蒲公英的叶形

蒲公英的群体生长

蒲公英的花

东北蒲公英 *Taraxacum ohwianum* **Kitam.**

多年生草本。叶宽长条形，长 20～30 厘米，先端尖或钝，不规则羽状浅裂至深裂，顶端裂片三角形，两面疏生短柔毛或无毛。花葶多数，高 10～20 厘米，近顶端处密被白色蛛丝状毛；头状花序，外层总苞片花期伏贴，宽卵形，先端锐尖或稍钝，暗紫色，边缘白色膜质和疏生缘毛；舌状花黄色，边缘花舌片背面有紫色条纹。瘦果长椭圆形，冠毛污白色。花果期 5—7 月。

生于草原、林缘、丘陵、山坡、路旁。全草入药，有清热解毒、清利湿热等功效，治咽喉肿痛、风眼赤肿等症。

东北蒲公英的生长环境

东北蒲公英的叶形与花序

东北蒲公英的花

山柳菊属

山柳菊 *Hieracium umbellatum* **L.**

多年生草本，株高 50～100 厘米。茎直立，单生，不分枝，基部淡红紫色。基生叶及下部叶常脱落；中上部叶多数，互生，无柄，长条形，顶端急尖或短渐尖，全缘。头状花序顶端排成伞房花序，有分枝。总苞黑绿色，钟状；小花黄色，舌状。瘦果黑紫色，圆柱形，无毛；冠毛淡黄色。花果期 6—9 月。

生于山坡林缘、林下、山地草原、河滩沙地。全草入药，有清热解毒、利湿消肿等功效，治痈肿疮疖、尿路感染、痢疾等症。

山柳菊的群体生长

山柳菊的叶形与花序

山柳菊的花

苦荬菜属

山苦荬 *Ixeris chinensis* (Thunb.) Nakai

别名 苦菜、燕儿尾。

多年生草本，高 20～60 厘米，全体无毛，有乳汁。茎直立或斜生。基生叶莲座状，条状，先端尖或钝，基部渐狭成柄，灰绿色，茎生叶与基生叶相似。头状花序多数，排列成稀疏的伞房状；总苞圆筒状或长卵形；全为舌状花，黄色，白色或变淡紫色。瘦果狭长条形，稍扁，红棕色，冠毛白色。花果期 6—7 月。

中旱生草本，生于路边、农田、荒地，为一种常见的杂草。中等牧草。茎叶柔嫩多汁，春季对小畜有抓膘作用。全草入药，有清热解毒、凉血、活血排脓等功效，治阑尾炎、肠炎、痢疾、疮疖痛肿等症。

山苦荬的群体生长

山苦荬的叶形

山苦荬的花序与花

四十五、禾本科

拂子茅属

假苇拂子茅 *Calamagrostis pseudophragmites* (Hall. f.) Koel.

多年生草本，高 40～140 厘米。秆直立丛生。叶片长条形，上面及边缘粗糙；叶鞘光滑或稍粗糙；叶舌膜纸，先端 2 裂或撕裂。圆锥花序长开展，花序分枝丛生，粗糙，多小穗；小穗线装，含 1 小花，成熟后草黄色或带紫色；颖片不等长，顶端渐尖；外稃膜质，具 3 脉，芒自外稃顶端伸出。花果期 7—9 月。

生于山坡草地、阴湿河岸、丘陵、沟谷、田埂、撂荒地、路旁。中等饲草；因含粗纤维 40% 左右，是造纸和人造纤维的工业原料；亦可作防风固沙植物。

假苇拂子茅的群体生长

假苇拂子茅的　　　　假苇拂子茅的花序　　　假苇拂子茅的单个
茎秆与叶形　　　　　　　　　　　　　　　　展开花序

狗尾草属

狗尾草 *Setaria viridis* (L.) Beauv.

别名 谷莠子、毛毛狗。

一年生草本。秆直立或基部膝曲，高 30～70 厘米，单生或丛生。叶片扁平，长条形，边缘粗糙；叶鞘松弛，有毛或无毛；叶舌由一周纤毛组成。圆锥花序紧密呈圆柱状，直立或稍弯垂；小穗椭圆形，基部刚毛长，多数，黄绿色或略带紫色。颖果灰白色。花果期 7—9 月。

生于荒地、坡地、河边、路旁、农田。全草入药，有清热明目、消肿排脓、利尿等功效，治目赤肿痛、小便不畅、淋巴结核等症。

狗尾草的果实

狗尾草的花序

狗尾草的群体生长

野黍属

野黍 *Eriochloa villosa* (Thunb.) Kunth

别名 唤猪草。

一年生草本。秆直立丛生，有分枝，高 30～100 厘米。叶片条形，扁平；叶鞘松弛包茎，无毛或一侧有毛；叶舌纤毛状。总状花序穗状，密生长柔毛，排列于主轴的一侧。小穗卵状椭圆形，单生。颖果卵圆形。花果期 7—9 月。

湿生植物，生于田边荒地、山坡、潮湿处。籽粒含淀粉，可食用；茎秆纤细，适口性好，可放牧，也可收割调制成干草，中等饲用植物。全草入药，有消炎止痛等功效，治结膜炎、视物模糊等症。

野黍的果实

野黍的花序

稗属

◇◇◇◇◇◇◇◇◇◇◇◇◇◇◇◇◇◇◇◇◇◇◇◇◇◇◇◇◇◇◇◇◇◇◇◇

稗 *Echinochloa crusgalli* (L.) Beauv.

别名 野稗、水稗。

一年生草本，株高 50～140 厘米。茎秆扁平，基部倾斜或膝曲，光滑无毛；叶鞘松散；叶片线条形，无毛，边缘粗糙。圆锥花序松散，直立，近尖塔形，主轴具棱，粗糙；小穗卵形，密集在穗轴的一侧。果实椭圆形，黄白色，易脱落，种壳（外稃）顶端具短芒。花果期 6—9 月。

湿生植物，生于沼泽地、沟边、水稻田、路旁。根及幼苗入药，有止血等功效，治创伤出血不止等症。

稗的群体生长　　　　　　　　　　稗的茎秆、叶形与花序

大油芒属

大油芒 *Spodiopogon sibiricus* Trin.

别名 大荻。

多年生草本,高 70～150 厘米。根具长根茎。秆直立,单一。叶鞘无毛或边缘有毛;叶舌干膜纸,钝圆,顶端有纤毛;叶片宽线形,先端渐尖,基部渐窄且生疏长毛。圆锥花序狭窄,分枝近轮生,节具髯毛,每节小穗孪生。小穗草黄色或稍带紫色。颖果长圆状披针形,栗棕色。花果期 7—9 月。

中旱生植物,生于山地阳坡、砾石草原、草甸草原、路旁林地。全草入药,有止血、催产等功效,治月经过多、胸闷气胀、难产等症。

大油芒的群体生长

大油芒的茎秆与叶形

大油芒的花序

四十六、莎草科

薹草属

寸草 *Carex duriuscula* C. A. Mey.

多年生草本，株高 10～20 厘米。根状茎细长、匍匐。秆纤细，平滑，基部叶鞘灰褐色，细裂成纤维状。叶短于秆，内卷，边缘稍粗糙。穗状花序卵形或球形，小穗 3～6 个，卵形，密生；雄雌顺序，具少数花；苞片鳞片状；雌花鳞片宽卵形或椭圆形，锈褐色，边缘及顶端为白色膜质，顶端锐尖，具短尖。小坚果宽卵形。花果期 5—7 月。

中旱生植物，生于草原、山坡、路边、河岸湿地。家畜喜食，耐践踏，可作为放牧草场。常作为各种运动场草皮（坪）植物。

寸草的群体生长

寸草的叶形与花序

寸草的花

四十七、鸭跖草科

鸭跖草属

鸭跖草 *Commelina communis* L.

一年生草本，株高 20～40 厘米。茎下部匍匐生根，上部斜升，多分枝。单叶互生，叶长条形，先端渐尖，有毛或无毛；叶近无柄，基部具有膜质叶鞘，白色半透明，抱茎。花单生和 2～4 朵形成聚伞花序，顶生或腋生；总苞片佛焰苞状，有柄，与叶对生，折叠状，展开后为心形，顶端短急尖，基部心形。花瓣 3 枚，2 大1 小，深蓝色。蒴果椭圆形，种子 4 颗。种子扁圆形，深褐色，表明具网孔。花果期 7—9 月。

湿中生植物，生于田间湿地、山坡河边、林下、林缘。为旱作农田主要杂草之一。有消肿利尿、清热解毒等功效，治咽炎、扁桃腺炎、宫颈糜烂等症和腹蛇咬伤。

鸭跖草的群体生长

鸭跖草的分枝与叶形

鸭跖草的花序与花

四十八、百合科

天门冬属

南玉带 *Asparagus oligoclonos* **Maxim.**

多年生草本，株高 60～90 厘米。根短粗。茎直立，平滑或稍具条纹，坚挺，分枝具条纹；叶状枝条通常成簇，圆柱形；鳞片状叶基部有短距或不明显。花 1～2 朵腋生，黄绿色。浆果圆形，直径 1 厘米，表皮光滑，由红色变为黑色。花果期 6—8 月。

生于草原、林下、湿地。根入药，有祛痰、镇咳、散热等功效，治咳嗽、咽喉肿痛等症。

南玉带的分枝与叶形

南玉带的群体生长

南玉带的果实

葱属

野韭 *Allium ramosum* L.

多年生草本。根茎横生，粗壮；鳞茎近圆柱状，簇生。叶基生，三棱状条形或长条形，背面具隆起的纵棱，中空，花葶圆柱状，明显长于叶片，具纵棱，高35～60厘米，下部被叶鞘。伞形花序半球状和近球形，多花，排列稀疏；小花梗近等长，花白色、淡红色；花被片6，2轮，具红色中脉。蒴果卵球形。花果期6—9月。

中旱生植物，生于向阳山坡、草坡、草地。叶片和花可食用，也可用作放牧或割草利用。

野韭的群体生长

野韭的叶形

野韭的花序与花

百合属

有斑百合 *Lilium concolor* Salisb. var. *pulchellum* (Fisch.) Regel

别名 渥丹。

鳞茎卵球形，鳞片卵形白色，鳞茎上方茎上有根。茎高40～60厘米，有纵沟，略带紫色。叶散生，条形，边缘有小乳头状凸起，两面无毛。花多数生于茎顶端，直立，星状散开，深红色，有褐色斑点，花被片矩圆状长条形，蜜腺两边具乳头状凸起。蒴果矩圆形。花果期6—9月。

中旱生植物，生于山坡草丛、草甸草原、路旁、灌丛、林缘。鳞茎含淀粉，可供食用或酿酒；花含芳香油，可作香料；花大而美丽，色彩鲜艳，可作为园林观赏植物。花及鳞茎入药，有润肺止咳、宁心安神、滋补强壮等功效，治肺虚久咳、神经衰弱、虚热失眠等症。

有斑百合的群体生长

有斑百合的叶形

有斑百合的花

有斑百合的果实

萱草属

小黄花菜 *Hemerocallis minor* Mill.

别名 小花萱草。

多年生草本，株高 40～60 厘米。具短根状茎和绳索状须根。基生叶，灰绿色，长线形，先端渐尖，基本渐窄且抱茎。花序单一直立，从叶丛中抽出；1～2 朵顶生，花大芳香，淡黄色，近漏斗状；上部 6 裂，2 轮，开花时，花被片向外反卷；下部结合成管状。蒴果大，椭圆形，成熟时 3 瓣裂。花果期 6—9 月。

中生植物，生于山坡、山谷、荒地、林缘草地、草甸草原。花经过蒸、晒，加工成干菜，即金针菜或黄花菜，但鲜花不宜多食。根入药，有清热利尿、凉血止血、健胃、消肿等功效，治小便不畅、便血等症。

小黄花菜的群体生长

小黄花菜的花

小黄花菜的果实

黄精属

狭叶黄精 *Polygonatum stenophyllum* **Maxim.**

根状茎圆柱状，结节稍膨大。茎高 80～100 厘米。叶长条形，先端微尖，多回轮生，茎上部密集，每轮 4～6 小叶。花序从下部 3～4 轮叶腋处生出，具 2 花；总花梗和花梗极短；苞片白色膜质；花被白色，具裂片。花果期 6—9 月。

中生植物，生于林下、灌丛。全草入药，有补气养阴、健脾润肺等功效，治腰膝酸软、干咳少痰等症。

狭叶黄精的果实

狭叶黄精的轮生叶

狭叶黄精的群体生长

玉竹 *Polygonatum odoratum* (Mill.) Druce

根茎圆柱形，粗壮，黄白色，有须根。茎有纵棱，高 30～60 厘米，具 7～10 叶。叶互生，椭圆形、矩圆形，先端尖，两面无毛，下面带灰白色或粉白色。花被黄绿色至白色，花被筒较直。浆果球形，蓝黑色。种子 3～4。花果期 6—9 月。

中生植物，生于林下、灌丛、山地草甸。根入药，有养阴润肺、生津止渴等功效，治腰腿酸痛、胃寒胃胀等症。

玉竹的群体生长

玉竹的叶形

玉竹的花序与花

四十九、鸢尾科

鸢尾属

囊花鸢尾 *Iris ventricosa* Pall.

多年生草本。地下生有根状茎，须根灰绿色，坚韧。密丛型，基部常宿存叶鞘。叶长条形，灰绿色，顶端渐尖，纵脉多条，无明显的中脉。花茎圆柱形，高10～15厘米，有1～2枚茎生叶；苞片3，草质，边缘膜质。花蓝紫色，外花被裂片细长，匙形。蒴果三棱状卵圆形，具喙。花果期6—8月。

中旱生植物，生于固定沙丘、砂质草甸、林缘、灌丛。可作为园林观赏植物。

囊花鸢尾的叶形

囊花鸢尾的群体生长

囊花鸢尾的花

野鸢尾 *Iris dichotoma* Pall.

别名 射干鸢尾、二歧鸢尾。

多年生草本，株高 40～90 厘米。根状茎粗壮。茎直立单一，花茎上部二歧式分枝。叶片剑条形，扁平，6～8 枚，排列于一个平面上，呈扇形，基部鞘状抱茎。聚伞花序，花 3～15 朵，花梗较长；花冠淡紫红色，具紫褐色斑纹。蒴果圆柱形具棱。种子椭圆形。暗褐色，两端翅状。花果期 7—9 月。

中旱生植物，生于草原、沙子山地、林缘、灌丛。可作为园林观赏植物。根入药，有清热解毒、活血消肿等功效，治咽喉肿痛、胃痛、牙痛等症。

野鸢尾的果实

野鸢尾的叶形

野鸢尾的群体生长

参考文献

崔国文，等，2016. 东北草地常见植物图谱 [M]. 北京：科学出版社.

刘慎锷，1959. 东北植物检索表 [M]. 北京：科学出版社.

潘学清，2009. 呼伦贝尔市药用植物 [M]. 北京：中国农业出版社.

王银，刘英俊，1993. 呼伦贝尔植物检索表 [M]. 长春：吉林科学技术出版社.

吴虎山，潘英，王伟共，2009. 呼伦贝尔市饲用植物 [M]. 北京：中国农业出版社.